读客文化

全身图 骨骼结构

（身体正面观）

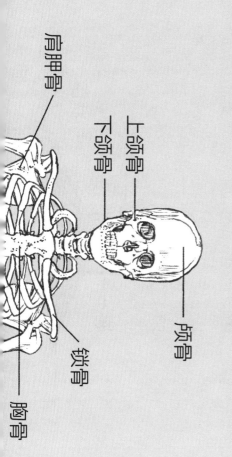

肩胛骨

上颌骨
下颌骨

颅骨

锁骨

胸骨

全身图 器官名称

（身体正面观）

脑

鼻翼

甲状腺

肺

眼

唇

气管

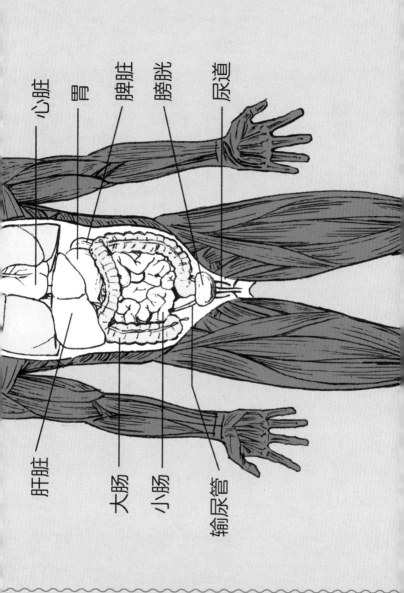

心脏
胃
脾脏
膀胱
尿道

肝脏
大肠
小肠
输尿管

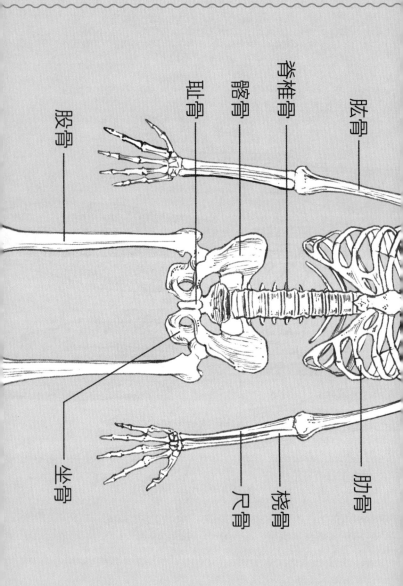

股骨

趾骨

髂骨

脊椎骨

肱骨

坐骨

尺骨

桡骨

肋骨

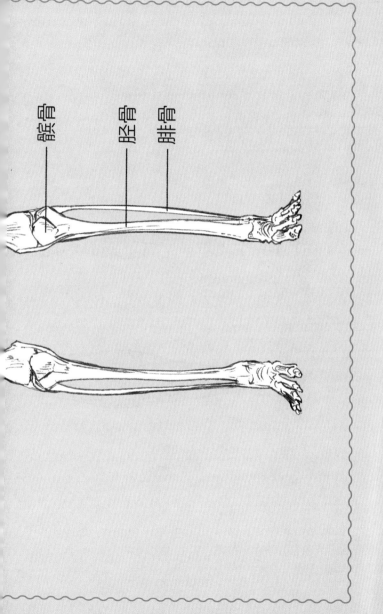

髌骨

胫骨

腓骨

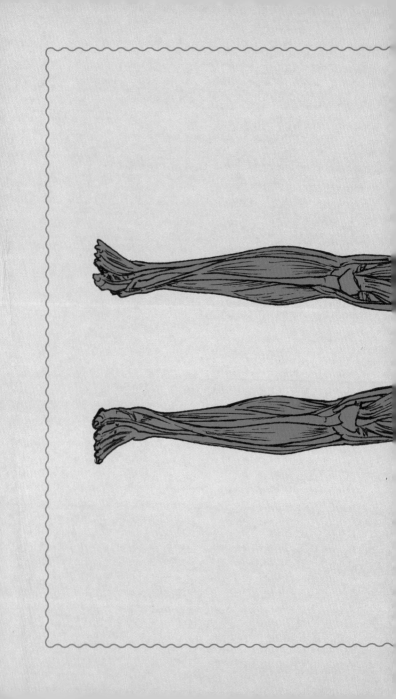

摸着自己学人体

［日］山本健人　著

柴晶美　译

天津出版传媒集团

天津科学技术出版社

著作权合同登记号：图字 02-2023-076

SUBARASHII JINTAI - ANATA NO KARADA WO MEGURU CHITEKIBOKEN
by Takehito Yamamoto
Copyright © 2021 Takehito Yamamoto
Simplified Chinese translation copyright © 2023 by Dook Media Group Limited
All rights reserved.
Original Japanese language edition published by Diamond, Inc.
Simplified Chinese translation rights arranged with Diamond, Inc.
through BARDON CHINESE CREATIVE AGENCY LIMITED.

图书在版编目（CIP）数据

摸着自己学人体 /（日）山本健人著；柴晶美译
. -- 天津：天津科学技术出版社，2023.11
ISBN 978-7-5742-1589-4

Ⅰ.①摸… Ⅱ.①山… ②柴… Ⅲ.①人体－普及读
物 Ⅳ.① Q983-49

中国国家版本馆 CIP 数据核字 (2023) 第 179522 号

摸着自己学人体
MO ZHE ZIJI XUE RENTI
责任编辑：胡艳杰
责任印制：兰 毅

出 版：天津出版传媒集团
天津科学技术出版社
地 址：天津市西康路 35 号
邮 编：300051
电 话：(022) 23332390
网 址：www.tjkjcbs.com.cn
发 行：新华书店经销
印 刷：河北中科印刷科技发展有限公司

开本 787×1092 1/32 印张 11.25 字数 169 000
2023 年 11 月第 1 版第 1 次印刷
定价：59.90 元

医学是以科学为基础的艺术。

——威廉·奥斯勒（医生）

序　言

在我学医的时候，有一门解剖学实习课，课上发现的事实让我大感意外。

人体很重！

一条腿约有10公斤重，搬起来真是相当费劲。手臂，看着很轻，也有4～5公斤重，远超想象。

即使不用手，我们也可以凭经验估算出身边物体的大致重量。但奇怪的是，那些每天都带在身上的"零件"，我们对它们的重量却毫无概念。

这到底是为什么呢？

要解答这一问题，我们需要了解美妙而精巧的人体构造。

人体具备许多神奇的功能，但在身体健康的时候，我们很难意识到。

跑步时，你盯着路标的同时也可以避让前方的行人。即使头部剧烈起伏，你也不会因视线晃动而头晕。

你现在可能一边看书一边"嗯嗯"地点头，但是你的视线不会随着头部运动而上下摇晃。但是，你跑步时用手机拍摄的视频又会如何？镜头剧烈摇晃，拍出的视频大概是没法看的。

为什么我们的视野不会像手机视频那样剧烈晃动呢？只要你稍加思索就会意识到——人体具备一套复杂的视觉稳定系统。

我再举个不太文雅的例子。

人可以放屁，是因为肛门具备一种特异功能——瞬间区分接近肛门的物体是固体、液体还是气体，且在它是气体时才将其排出。

"将固体留在体内而仅排出气体"，这绝对是一项绝技，一套非常精妙的机制！绝非人造品可及。

人的肛门可以识别屁和粪便。这种看似理所当然的功能却对我们的日常生活至关重要。

我作为一名医生，学医多年，一直沉醉于人体结构和功能的美妙，也对疾病的厌恶更多了一分实感，因为它破坏了这套精妙的机制。明确疾病的诱因，夺回因病丧失的能力，这正是医学的使命。

迄今为止，医学揭开了诸多疾病背后的秘密，也催生出数量庞大的治疗手段。

对当下的人们而言，细菌和病毒是威胁人体健康的恐怖病原体。实际上，传染病在人类历史上曾夺走无数人的生命，但直到一百年前，人类才意识到传染病的病因是"微生物"。就算你向百年之前的人解释传染病的病因，他们也绝对不会相信。

某种看不见的生物侵入身体并引发疾病？那时的人们可能会嘲笑你荒诞无稽的愚蠢想象。

直到19世纪末，德国医生罗伯特·科赫首先证实细菌会导致疾病。

疾病是由特定的微生物所引起。这一惊人的发现让医学取得了飞跃性的进展，因为人们自然产生出这样一种联想——如果我们能消灭微生物，就可以治愈某种疾病。

20世纪初，德国医生保罗·埃尔利希针对数百种化合物进行实验，最终发现了一种可以杀死细菌的化学物质。这就是"606药剂"，又叫"砷凡纳明"，它是治疗梅毒的药物。

这种药物的效果仅针对特定的病原体。埃尔利希将这种物质称为Magic Bullet（魔法子弹）——针对疾病的源头，在当时看来也确如"魔法"一般。

约十年后，英国研究员亚历山大·弗莱明偶然发现青霉菌的分泌物具有杀菌的作用。他将此分泌物以青霉的学名*Penicillium*命名，即家喻户晓的盘尼西林（Penicillin），它也是后来改变人类历史的革命性药物——抗生素。这一事件其实就发生在20世纪中叶，离我们并不遥远。

人类有着漫长的历史，可直到20世纪，明确流行病的病因并对症下药才被视为真理并被大众接受。

从此以后，医学取得了长足进步。

1981年，医学杂志《柳叶刀》报道了一种未知疾病，其主要通过性行为传播，还会破坏感染者的免疫功能。这种疾病后来被命名为获得性免疫缺陷综合征（AIDS），是一种由人类免疫缺陷病毒（HIV）引起的疾病。

令人意外的是，人们在1983年才分离出该病毒，而现在已经研发出了强效的治疗药物。起初，患上这种疾病就等同于收到了"死亡宣告"，但现在HIV感染已成为一种可控的"慢性疾病"。

丙型肝炎病毒是一种非常麻烦的病原体，首次发现于1989年。病毒会导致感染者患上慢性肝炎和肝硬化，最终诱发肝癌。它是一种恶性病毒，在全世界范围内夺走了许多人的生命。

然而，近年来，一种名为直接抗病毒药物（Direct Acting Antivirals，DAA）的突破性药物出现了，彻底扭转了局面。许多丙型肝炎患者现在都有了治愈的希望。

吃药治愈丙型肝炎——曾经的奢望成为如今的现实。

罗伯特·科赫、保罗·埃尔利希、亚历山大·弗莱明、发现艾滋病病毒的吕克·蒙塔尼耶和弗朗索瓦丝·巴尔-西诺西，还有发现丙型肝炎病毒的哈维·阿尔特、迈克尔·霍顿、查尔斯·赖斯，他们都是诺贝尔奖得主。

正是这些前人的竭尽全力，推动医学取得了难以想象的进步。了解他们在临床医学领域的成就，也是医学的魅力之一。

医学，其乐无穷。

你知道得越多，就会倍感乐趣无穷！

我想同大家分享自己从一名医学生走到今天的兴奋，想和大家分享将分散的知识相互联结的激动与喜悦。

这正是我写下本书的动机。

本书第1章首先通过具体的例子来介绍人体的结构。同时，我会用通俗易懂的方式给大家解释在人体因疾病丧失某种功能时，从大脑、心脏到肛门的各个器官，会出现怎样的"缺失"和"不适"。

第2章阐述人们因何生病，而疾病与健康的边界又在哪里。此外，我以癌症、心脏病、传染病等为例，细数那些导致死亡的因素。

第3章回顾了医学史上堪称转折点的重大发现，以及希波克拉底和罗伯特·科赫等伟人的成就——他们为现代医学奠定了基础。另外，我会从医生的角度解释他们的成就是如何在目前的临床实践中应用的。

第4章，我将以食物中毒、经济舱综合征、寄生虫感染等为例，通过以往大家都熟知的事件，介绍那些潜藏在我们身边并威胁健康的危险因素以及与健康相关的知识。

第5章以体温计、血压计、内窥镜等为例，介绍了广泛应用于医学领域的工具和仪器，聊聊那些促进医学进步的科学技术。

本书列出了80多个参考资料来源，以确保信息准确无误。此外，我还邀请多位不同领域的专家审阅各相关领域的专业知识，以确保内容的准确性。文中［1］等上标数字对应各章的参考文献，如果希望详细了解更多内容，可以直接查阅。

　　本书旨在让读者，从古至今，从头到脚，遍览人体与医学之美。我想为你们提供一种激动人心的体验，就像儿时翻开崭新的绘本时的那种兴奋不已。

　　话不多说，一场探究你身体奥秘的冒险，即刻出发！

山本健人

目　录

第 | 章

精妙的人体结构

自然不会创造无用或不必要的东西。

——亚里士多德（哲学家）

我们的身体很重

你能站起来吗?

此刻,你是不是正坐着看书呢?

如果是的话,请你首先面向正前方坐好,并试着在不前后移动头部的情况下站起来。实际上,你根本站不起来,无论腿多么用力,你的腰都无法抬起。是不是很惊讶?

接下来,你像平时一样自然地站起来。你应该会先把头向前伸,然后再抬腰。所以,想要站起来,必须先有一个"前屈"的动作。

这是为什么呢?道理很简单:为了抬起沉重的臀部,需要利用头部的重量来保持平衡。通过向前伸出头部,让重心前移,才能将臀部抬起。因此,你必须利用头部才可以"搬起沉重的腰"。

我们再换一个试验。

站好，双脚分开与肩同宽，试着在不左右移动头部的情况下抬起右腿。恐怕无论你怎么用力，右脚都抬不起来。

那么怎样才能抬起右脚呢？只要你试一下，马上就会明白了。在抬起右脚之前，你需要将上半身向左倾斜。和之前一样，想要抬起你沉重的腿，你就必须先将重心移到另一侧。

构成我们身体的每个"部件"都很重。一个体重50公斤的人，头部大约重5公斤，每条腿的重量约为10公斤，每只手臂重4~5公斤，这个重量非常惊人。

我们很少察觉到自己"部件"的重量。尽管我们每天都带着这么重的东西，却没有特别的感受。

人的头和四肢由肩部、背部和臀部的大块肌肉来支撑，所以你通常不会感觉到它们的重量。这就好比把孩子放在肩上扛着比背着更轻松，把背包背在肩上比拎在手里更轻松，都是同样的道理。

自出生起，这些重要的肌肉就一直被锻炼着，所以你的身体就能轻松地带着自己的"部件"到处走。

当我初次接触临床时，最让我感到惊讶的就是人体竟如此沉重。在临床实践中，我们的日常工作就包括帮助行动不便的患者坐上轮椅，或将昏迷的人转移到另一张床上，等等。

宇航员与肌肉

举例来说，医生在手术期间需要将全身麻醉后的病人的四肢举起，或者把病人从仰卧位变为俯卧位，手术后还要将病人从手术台移动到病床上，这些事情每天都在发生。

这类移动病人的工作相当费劲，需要四五个医护人员合作，一个人肯定不行。你可以搬动自己的身体，但很难凭一己之力搬动别人。

在移动全身麻醉的病人时，需要格外注意病人的手脚。尽管四肢很重，但它与躯干相连的区域很小。如果不稳稳地支撑住病人的四肢，它就会因自身重量而猛然下坠，这种瞬间的冲击会对关节造成损伤。所以医护人员需要相互沟通、配合，小心地移动患者。

体重带来的麻烦也不只体现在手术上。

经常出现这样的情况：一个长期住院或长期卧床的人，时间久了再想起身，却根本站不起来。这种现象特别容易发生在肌肉松弛的老年人身上。

即便你是因为胸部或腹部的疾病动了手术，或者患有其他与腿无关的疾病，比如心肌梗死或肺炎，你也有可能丧失行走能力。如果你怠慢了每天"搬运"身体的这项工作，你的肌肉就会以肉眼可见的速度松弛下去。

这就类似于宇航员从失重的太空返回地球，在没有外部支撑的情况下或多或少都有些行动不便。宇航员油井龟美也讲述了刚返回地球时的生活，有些话令我印象深刻，他说："当我试图脱下西服时，我的头部向前倾斜，但我一时忘记了用脖子和背部肌肉支撑头部的重量，头差一点就栽到地上[1]。"

所以，就像宇航员在外太空也不能忽视力量训练一样，住院期间的康复训练同样重要。病人需要尽可能主动地走路和活动四肢。在医院里，每天都有很多人在病房的走廊里缓慢地走着，这是保持活力的必要条件。

眼球鲜为人知的工作方式

你的视野很窄

你的眼睛不仅能看到这本书上的文字，还能看到周围的事物。即使眼睛不动，也应该能看到上下左右的东西。现在，请试着将视线固定在你正在阅读的文字上，并在眼睛不动的情况下阅读其他文字。恐怕别的文字变得模糊不清了吧？而且你还会发现，除非你移开视线，否则你可阅读的范围相当狭小。我们的视野并不像电视屏幕上的风景那么细致入微。

要知道这背后的原因，就要了解眼睛的工作原理。我们可以把眼睛比作一台照相机。晶状体（中心部分为瞳孔）相当于照相机的镜头，虹膜相当于照相机的光圈，视网膜相当于照相机的底片，眼睑相当于相机上的镜头盖。顺便一提，眼睑之下，覆盖眼白的薄膜称为结膜，覆盖黑眼球的薄膜称为角膜。

我们之所以能看到东西，是因为映在视网膜上的影像会传递给大脑，但实际上，我们并没有利用整个视网膜，而只通过视网膜中心的一个小点来看清东西。

这个点在黄斑中央的凹陷部位，称为中央凹。这部分的直径只有0.3毫米，稍微偏离这个部位，你的视力就会大打折扣。没错，我们的视力就取决于一个如此狭小的结构。

你通常很难察觉到这一点，因为你会无意识地移动视线并始终将观察对象置于视线中心。

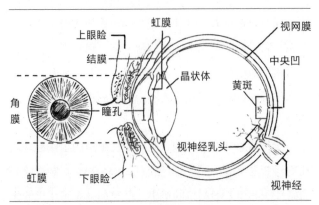

眼球的结构

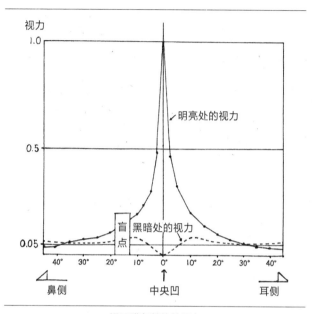

视网膜各部位的视力

　　视网膜上排列着大量的视细胞，也称为光感受细胞。仅一只眼睛上的光感受细胞的数量就超过1亿个。这些细胞能把光学刺激转变成神经冲动传递给大脑。

　　视细胞分为视杆细胞和视锥细胞。这两种细胞的名字都源于其形态。"杆"的意思是细胞像根竹竿或者木棍；"锥"则暗示细胞外形像圆锥或四棱锥一样。

　　视杆细胞对光线的捕捉能力非常好，主要在昏暗的环境中发挥作用，但它无法分辨颜色。视锥细胞在暗处不起作用，却可以识别颜色和形状，主要担负着明亮环境下的视觉。意外的是，1亿多个光感受细胞中有90%以上是视杆细胞，视锥细胞只占约5%。这些视锥细胞主要分布在中央凹处，所以中央凹在明亮的环境中才起作用。此外，中央凹的视力从中心向两侧急剧衰减。这就是为什么你只能看清位于视野中心的文字。

如果中央凹因疾病或外伤而受损，视力就会大幅下降。小时候应该有人告诉过你不要直视太阳，这是因为强光会损害中央凹。一旦受损，眼镜也无能为力——图像通过屈光镜映在视网膜上，你也无法清晰地辨认。

盲点实验

尽管视细胞分布在整个视网膜上，但也有一个点是例外。它位于眼球后部的视网膜上，是视神经穿出眼球的一个凹点，也就是视神经乳头。它也被称为"盲点"，位于中央凹向鼻侧偏15度左右的地方。

我们可以自己试着找找盲点的位置。闭上左眼，将视线固定在下图中的"+"，一边在视野边缘捕捉"◉"，一边慢慢将书本靠近。在某一时刻，"◉"从视野里消失了。这就是""进入盲点的瞬间。

　　奇怪的是，我们通常感觉不到盲点的存在。即使你用一只眼睛审视周遭，也不会出现视野在某个点缺失的情况——大脑会根据周围的信息补全缺失的视野。

　　回想一下刚才的实验。当""消失时你看到了什么？大脑用背景中的白色补全了盲点的位置。

盲点实验

光适应和暗适应

如果你从亮处走到暗处，刚开始肯定什么也看不见，但过一会儿，你就可以慢慢看到周围了，想必大家都有过这种体验。这种现象称为暗适应。其间，产生视觉的主要细胞由视锥细胞慢慢地切换到视杆细胞。

还有一种截然相反的情况——从暗处突然进入亮处，你会觉得光线很刺眼，看不清东西，但过一会儿眼睛就能适应了。这种现象称为光适应，它是与暗适应相反的一种现象。

光适应和暗适应的反应时间大不相同。光适应在大约5分钟内迅速发生，但暗适应大约需要30分钟。

其实自从了解到这两个有趣的现象后，我在日常生活中时常留意它们。大家都有半夜从黑暗的卧室摸索着去上厕所的经历。如果你打开走廊的灯，双眼暴露在灯光下，你可以很快完成光适应。而再次步入漆黑的卧室时，你却很难看清周围。

开灯时你可以闭上一只眼，让一只眼睛适应光亮，同时另一只眼保持暗适应。当你回到黑暗的房间并睁开双眼时，你就可以凭借单眼的暗适应较为顺利地穿过房间。诚然，单眼走路时你很难判断自己与物品之间的距离，要格外小心，但这仍然是一种非常方便的方法。你再也不会因为看不清路，让小脚趾踢到床脚而疼得龇牙咧嘴了。

当然，有人会说，把卧室的灯打开不就好了。我无力反驳。但是，了解器官的特性并善加利用，亲身体验，不是令人格外激动吗？

多说一句，动画或电影中的海盗总是单眼戴着眼罩。究其原因有多种说法，其中之一就是为了维持暗适应——当海盗从明亮的甲板进入黑暗的船舱时，他只需取下眼罩就好。如果海盗突然从甲板跳进船舱里和人大打出手，他就可以轻松适应黑暗，先发制人了。倘若如此，可以说海盗确实对眼睛的特性了如指掌。

控制眼球运动的力量

你能一边摇头一边读书吗？

这里再做另一个实验：请你双手拿书，左右快速晃动，尝试在这种状态下看书。无疑，文字左右横跳，你根本看不清。

如果左右晃动的是你的头呢？尝试以和刚才相同的幅度和速度左右晃动头部，并阅读文字。这样是不是比晃动书本时容易得多呢？即使头部左右摇晃，视线却意外地稳定。

动物的"前庭眼动反射"在其中发挥了重要的作用——耳内的前庭和半规管感知头部的运动并迅速让眼球向相反方向运动，以稳定视线。

试一试，盯着镜子里自己的脸并左右摇头。即使你没有主动控制，眼睛也会自然地向头部转动的相反方向移动。走路也好，跑步也罢，你的视线始终是稳定的；无论头部如何晃动，你总能清楚地辨识周围的环境，甚至可以在跑步时阅读路牌上的字。这些都是因为眼球会根据头部的动作而自发移动。

这个功能对所有动物的生存都至关重要。试想狮子追赶斑马的情景，高速奔跑的同时，狮子需要将猎物牢牢锁定在视野的中心。这个功能的重要性可见一斑。

无论你在做什么，前庭眼动反射一直在起作用，因此我们不太会注意到这个功能的可贵之处。但是，想象一下在跑步时用摄影机拍摄周围的风光，你会得到怎样的拍摄效果？视频肯定会因为剧烈的抖动而惨不忍睹。如果没有前庭眼动反射，我们就会生活在这种"动感十足"的世界里。

不过，近年来的一些便携式摄影机配备了高级的光学防抖功能——镜头根据相机的移动而向相反方向运动，从而减弱画面的抖动。其机制与前庭眼动反射完全相同。与以往相比，便携式摄影机确实取得了长足的进步，但我们的眼睛还是技高一筹。

耳朵控制平衡感

从做眼科医生的朋友那儿听说，因为"头晕"去看眼科医生的人为数不少。"头晕"也可以写为"目眩"[1]，顾名思义，眼前一片天旋地转，所以大家认为是眼睛出了毛病也无可厚非。

但事实上，头晕往往不是眼睛的问题。临床医学表明，耳部疾病是引起头晕的主要原因。

众所周知，耳朵是听声音的器官，掌管着听觉。然而令人意外的是，耳朵也是控制平衡感的器官。"内耳"在耳朵的深处，这里的前庭和半规管控制着平衡感。

另外，内耳中还有一个叫作"耳蜗"的器官，负责听觉。"耳蜗"因其形似蜗牛而得名。从耳孔进入的声音使鼓膜和听小骨（中耳的三块小骨头）产生振动，再通过耳蜗以电信号的形式传递到大脑。

如果前庭或半规管由于某种原因出现功能障碍，就会影响平衡感，也就会出现我们所说的眩晕。梅尼埃病、前庭神经炎、良性阵发性位置性眩晕等疾病都是典

1　在日语中，"眩晕（めまい）"一词也可写作"目眩"。——编者注（如无特殊说明，以下注释均为编者注）

型的耳部疾病。

有一种耳部疾病叫"突发性耳聋"。顾名思义，它是一种突然发生的、原因不明的听力障碍。事实上，20%～60%的患者会伴有头晕症状[2]。乍一看，"耳聋"和"头晕"似乎是毫不相干的两种症状。但如果你知道负责听力和平衡的器官在同一个位置，也就不奇怪了。内耳出现问题会导致听力和平衡都出现异常。

除耳朵之外，还有许多导致头晕的原因。比如，中风和脑出血等脑部疾病也可能导致头晕。还有由贫血或心律失常导致的"摇晃""站起时眩晕"等症状，有些人也会将其称为头晕。也就是说，同一种表达方式可能说的是不同疾病引起的不同症状。

所有症状只有患者本人才能感受到。无论技术如何精湛，医生都无法对患者的主观症状感同身受。透过这种描述"个体感受"的语言，最大限度地把握疾病背后的真因，也是医学的任务之一。

泪为何流

为什么眼泪和鼻涕总是一把抓？

在影院看煽情电影时，你可以听到周围都在发出吸鼻涕的窸窣声。流泪的同时，鼻涕也总是一起冒出来——这种经历想必大家都有。明明鼻子没有什么不适感，为何鼻涕和眼泪却总是一把抓呢？

鼻子和眼睛其实彼此相通，眼泪是可以流进鼻子里的。换言之，此时流出的鼻涕并不是由鼻黏膜分泌而来，这和你得鼻炎时流出来的鼻涕有根本性的差别。而证据就是，伴随眼泪冒出的鼻涕很稀薄，几乎没什么黏稠感。

连接眼睛和鼻子的通道称为"鼻泪管"。位于眼睑上方的泪腺所分泌的泪液，在湿润眼球后，会从你内眼角（内眦部）的出口排出，随后进入被称为"泪囊"的袋子里——它与鼻泪管相通,眼泪就顺势流进鼻子。

　　狂喜,悲伤,或者眼里进了沙子,你都会流泪。但促使你流泪的因素可不止这些。通常,眼泪一直在少量分泌,以保持眼球湿润。你之所以毫无觉察,正是因为眼泪最终都从鼻子排出去了(随后在你不经意间,被咽了下去)。

　　此外,在你号啕大哭之际,眼泪分泌量远高于排出量,就会夺眶而出。反之,因受伤等因素导致鼻泪管不通,就会出现"不悲不喜也眼泪汪汪"的现象,这就是所谓的"鼻泪管堵塞"。而这也是眼泪总在徐徐流出的佐证。

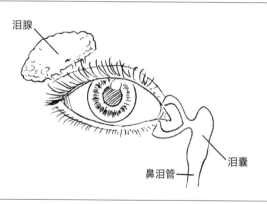

流眼泪

耳朵和鼻子也是相通的

不光是眼睛，鼻子和嘴也是相通的，想必大家都很清楚这一点。鼻子和嘴都通往"喉咙"。

流鼻血时，血液可能会流进喉咙里，可能再从嘴里流出来。此外，鼻涕可能会在不知不觉中顺着喉咙流入气管，引发慢性咳嗽。这种现象称为鼻后滴漏。据欧美国家报道，持续8周以上的慢性咳嗽的病例中，20%～30%的原因是鼻后滴漏[3]。在日本，这个比例应该没有这么高，但无论如何，基于身体结构的原因，也有鼻涕导致顽固性咳嗽的案例。

另外，耳朵也与鼻子深处相通，由名为"咽鼓管"的细管连接彼此。耳朵分外耳、中耳和内耳三个部分。咽鼓管连接的是中耳，具有调节耳内气压的作用。

例如，飞机急速攀升或乘坐摩天大楼中的电梯时，你的耳朵可能会有塞住的不适感，这是因为鼓室（鼓膜内的空腔称为鼓室）与外界之间存在气压差。鼓腔的气压较低时，鼓膜内凹；外界气压较低时，鼓膜外凸。这就会阻碍鼓膜的振动并引发耳朵不适。

打哈欠或吞咽可以消除这种不适。这时，通常处于关闭状态的咽鼓管就会打开，空气进出鼓腔，平衡鼓膜两侧的气压，鼓膜就能恢复到原来的状态。

不过，当细菌或病毒在鼻子和喉咙里繁殖时，它们也可能通过咽鼓管进入耳朵，继而引发中耳炎。可见，咽鼓管还可能成为讨厌的病原体的传播通道。

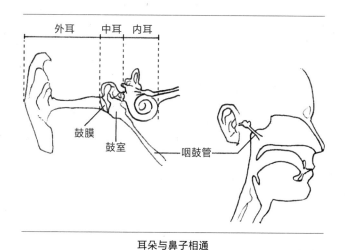

耳朵与鼻子相通

舌头丰富多彩的功能

味觉之外的功能

舌头有什么用?

大多数人的回答应该都是"感受味道"。然而,舌头的功能可远不止这么简单。

首先,舌头参与咀嚼和吞咽等重要活动。咀嚼是用牙齿磨碎食物并将其与唾液混合的过程。要咬碎食物,就需要让它们在牙齿之间移动,这时候舌头就派上用场了。

食物被逐渐咬碎,需要舌头把食物碎块收集起来,送到牙齿之间,这样你才能反复咀嚼。

吞咽是把嘴里的食物送到胃里的动作。试着吞咽嘴里的唾液,你会注意到自己的舌头会做出极其复杂的动作。

吞咽时，舌头变成勺状，食物被收集在中央凹陷部分。随后，舌头一边从前向后缩小口中的空间，一边将食物推到喉咙深处。舌头上的肌肉很发达、灵活，能扭成各种形状。

舌头还有一个重要的功能——发音。

如果你把牙刷放在嘴里，贴在腭部，按顺序说"a、i、u、e、o"和"ka、ki、ku、ke、ko"，会发现舌头碰到牙刷的位置完全不同。可见，舌头的复杂运动帮助我们发出各种声音。虽然发出t、n、l、ts、s等舌尖前音[1]时门牙起到了很大的作用，但除非舌头靠近腭部，否则也无法顺利发音。如果因舌癌之类的疾病导致舌头被部分切除，那么发音会变得相当困难。

味蕾随年龄的增长而减少

味觉是感受味道的知觉，但如果要更进一步形容这一功能，那就是"检测溶解在水中的化学物质的能力"。而鼻子可以检测空气中所含的化学物质，即所谓的"气味"。

1　此处指日语发音。

味觉可分为五种：咸、鲜、甜、酸、苦（辣为痛觉，不是味觉）。咸味可识别对生命至关重要的电解质（矿物质），而鲜味和甜味可识别出重要的营养物质（氨基酸、糖类）。此外，酸味和苦味可帮助辨别腐烂或有毒物质并防止它们进入体内，起到了"入境检疫"的作用。这种辨别能力，一直在守护着我们。

然而，有些人喜欢吃纳豆和蓝乳酪之类有独特气味的食物，或者爱喝啤酒、咖啡等苦味的饮品。所以，并不是所有带酸味和苦味的东西都对人类有害。可见，对于我们这些热爱美食、享受味觉的人来说，味觉可不只起到自我保护的作用。

掌管味觉的是舌头表面被称为"味蕾"的器官。顾名思义，它的形状像一个花蕾，属于化学感受器。味蕾很小，仅有0.05～0.07毫米。整个舌头有5000～10 000个味蕾。除了舌头，口腔内壁和喉咙深处的黏膜上也有味蕾，并且随着我们年龄的增长而逐渐减少。

众所周知，捏住鼻子就很难尝出味道。这是因为"味道"是大脑整合味觉和嗅觉信息的综合结果。此外，大脑还整合了有关疼痛、温度和触-压觉（感受机械刺激，如触感、振动和压力）的信息，最终产生对味道的认知。换句话说，我们会调动所有的感官来享受某种味道。

舌头的触-压觉也相当灵敏。

当你用舌头触碰表面不平整的物体时，例如金平糖[1]，你会很准确地想象出它的形状。但是，如果用背部或臀部等部位触碰，就很难判断其外形了。这是因为接受外部刺激的感受器在身体不同部位的分布密度有很大差异。感受器的密度越高，准确度越高。

你用两个笔尖轻戳自己的皮肤表面并逐渐缩短它们之间的距离，当这个距离小到一定程度时，你会无法分辨出这两个不同的刺激点。人体能够识别出两个刺激点的最小距离称为"两点阈"。在背部，两点至少相隔约4厘米，否则无法区分。也就是说，如果两点间隔只有两三厘米，就会觉得那是一个点。我自己也做过这个实验，并对自己后背的"迟钝"感到震惊。

而舌尖和指尖的两点阈值是最小的，可以辨别出3～4毫米的差别。指尖在区分两点方面非常出色，这一点毋庸置疑，毕竟盲人就是通过触摸来阅读盲文的。人们常在两性活动中使用舌头和手指，也可能是这两个部位的触觉比较灵敏的缘故。

1　一种日本传统糖果，形似小颗星星，表面凹凸不平。

流行性腮腺炎和唾液腺

人每天要分泌多少唾液？

想必大家都听说过"痄腮"，它是一种会引起腮腺肿大的疾病。

为什么人得了痄腮时脸颊就会肿大呢？

"痄腮"在医学上的正式名是"流行性腮腺炎"，病如其名，这是一种能引起腮腺炎症的传染病。

腮腺是唾液腺之一。唾液腺是分泌唾液的各类器官的总称，除腮腺外，还有下颌下腺和舌下腺。这些唾液腺每天产生1～2升唾液，并通过导管（唾液通道）分泌到口腔中。唾液70%来自下颌下腺，25%来自腮腺。腮腺位于耳朵前下方，就在脸的侧边，所以当腮腺肿大时，看起来就像脸颊鼓了个"大包"。

流行性腮腺炎是由腮腺炎病毒引起的传染病，它会产生类似于感冒的症状，但这个疾病比感冒可怕多了。病毒可以进入血液并传播至全身，引起各种器官的多种炎症。

在流行性腮腺炎患者中，3%～10%的人会患脑膜炎，25%的男性患者会患睾丸炎，5%的女性患者会患卵巢炎，15%～30%的女性患者则会患乳腺炎。特别麻烦的是，4%的人会出现听力损失，每400人中就会有1人出现永久性听力损失[4]。

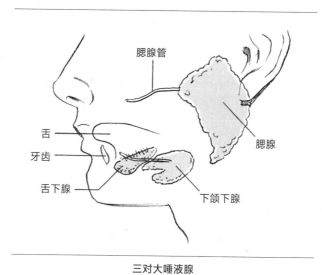

三对大唾液腺

单侧感音神经性听力损失——2018年NHK[1]的一部电视剧提及了这种腮腺炎引起的耳聋，并引发热议。这部名为《一半，蓝色》的电视剧中的主角左耳失聪，只有右耳能听到下雨的声音，剧名寓意身体的左边永远是晴天。

值得庆幸的是，现在可以通过疫苗接种来预防腮腺炎。日本儿科学会建议，幼儿在1岁时进行第一次接种，在小学入学前一年完成第二次接种。两次疫苗接种可将腮腺炎的发病率降低99%[5]。

唾液的作用

唾液的功能非常多，例如，清洁食物残渣和附着在牙齿上的牙垢的自清洁作用，抑制细菌生长的抗菌作用以及保护黏膜的作用等。

另外，修复牙釉质损伤也是唾液的重要作用。每个人都知道吃太多甜食会蛀牙——引起蛀牙的细菌会分解蔗糖，反应中产生的酸会溶解牙齿表面的牙釉质。这种现象称为"脱矿"。

1　"日本广播协会"的缩写。

　　如果发生暂时性的脱矿，唾液会通过再矿化的功能对其进行修复。但是，如果经常发生脱矿，再矿化的速度就跟不上脱矿的速度，牙齿侵蚀严重，变成蛀牙。换句话说，蛀牙的风险取决于"吃甜食的频率"而不是"吃甜食的总量"。

　　人工甜味剂（如木糖醇）和非糖类甜味剂（如甜菊糖）不会造成脱矿，因为细菌无法分解它们——这就是为什么我们说这类食物不会伤害牙齿。

　　此外，唾液也是一种消化液。唾液中含有淀粉酶，可以分解食物中的淀粉。胰腺分泌的胰液中含有胰淀粉酶，未被唾液消化的淀粉随后与胰液混合并被分解。

　　多说一句，淀粉是由葡萄糖分子像链条一样连接而形成的。淀粉酶打破这个链条并将其分解成由两个或三个葡萄糖分子组成的二糖和三糖。最终，它们在小肠中被分解成单糖而被吸收。唾液就负责这个消化过程的第一阶段。

头部大量出血并不一定致命

头皮很容易出血

说起悬疑剧中经常出现的凶杀场面，"敲头"或"刺腹"都是标配。敲头的时候，罪犯用玻璃烟灰缸或花瓶猛击对方的头部使之晕倒，并在地面上留下一片血迹。

不单是凶杀现场会出现头部大量出血的情况，人们从楼梯或高处跌落并摔伤头部时，也会这样。

为什么呢？

尽管很多人认为头部受的伤是"致命伤"，但头部出血其实并不都是致命的。头皮真的特别容易出血。头皮中细小的血管相当多，而且头皮正下方有一块坚硬的骨头（颅骨），稍有磕碰就很容易出现损伤，而且出血量也很大。

不少人撞了个"头破血流"时会慌忙冲进医院。头部血流不止，脸和衣服一片鲜红，任谁都会惊慌失措。而且，头的大部分范围在镜子中都是看不到的，这种看不到的部位在出血，当然会更加恐惧。

每个人小时候都会有撞了头起大包的经历。小时候我就一直有这样的疑问——为什么别的部位就不会起包呢？只有脑袋会起包，这不奇怪吗？当我进入医学院并学习了人体的运行原理后，这个谜团就迎刃而解了。

准确地说，"起包"是一种"皮下血肿"——皮肤内的毛细血管破裂，血液渗出后聚集的状态。头上容易形成血肿的原因是头皮本就容易出血，而皮肤下就是头骨，所以积聚的血液不会向内扩散，而是向外扩散，引起皮肤肿胀。

总之，表皮受伤通常不会危及生命。如果流血了，用毛巾等按压止血，保持镇静，去医院缝合即可。

真正可怕的是颅内出血。

我经常对脑袋出血的人这么说："如果是表皮受伤，可以缝合。我担心的是颅内是否有出血。即使现在的检查没有发现，以后也可能会缓慢出血。我们要再谨慎地观察一下。"

头部受创引发致命的颅内出血，这样的例子并不少见。如果受伤后一段时间内，患者出现意识丧失、行为异常、四肢麻痹等症状，可能是出现了颅内出血。

许多医院向患者发放的头部外伤注意事项单中都列出了一些注意事项，因为没人能在初次诊断时就保证患者真的"没问题"。

当你变成熊猫眼……

还有一些患者在头部受到撞击后一周到一个月，乃至更长时间后才发现颅内出血的现象，这被称为慢性硬膜下血肿，在老年人身上尤其常见。老年人出现不明原因的健忘、头晕等症状时，家属会误认为是患上了老年痴呆而延误治疗。

在这种情况下，头皮没有出血，甚至患者本人可能都不记得头被撞过。不知不觉地撞到了头，在看不到的地方不知不觉地出血。尽管头部出血并不都致命，但没有明显的出血也不一定是轻症。

还是题外话：很多人在撞到额头后会起一个大包（皮下血肿），第二天，眼睛周围变成了紫色，就像熊猫眼一样。人们误以为眼睛也被撞了，又会急忙赶去医院。

　　这是因为聚集在皮肤下的血液发生了转移，这种现象并不少见。额头上的血，受重力作用而下移到眼睛周围。通常情况下，颜色会慢慢褪去并恢复如常。

　　但是，对于皮肤较薄的老年人，即使是简单的血肿也要谨慎对待。因为老年人表皮的血液流动性较差，可能会导致坏死。

　　因此，撞伤可以引起身体的各种变化，这些变化都可以用理论来解释。如果你了解人体的工作原理，就不会因为这些意料之外的现象担惊受怕了。

心跳的奥秘

你的心脏每分钟跳动多少次呢？尽管存在个体和年龄上的差异，但大部分人的心脏每分钟跳动60～70次。由此推算，心脏每天跳动8万次左右，一年3000万次上下，如果活到80岁，那一生中心脏会跳动20亿次以上。

从古以来，人类一直都在好奇，为什么心脏永不停息。过去，人们认为心脏和脉搏是由空气中的"生命能量"所驱动。我们会在第3章讲到，人们在17世纪之后发现心脏就像一个泵，并且推动血液在全身循环流动。直至20世纪上半叶，心跳的奥秘才被徐徐揭开。

当作为指令的电信号穿过心脏壁时，心脏就会跳动，这被称为"心脏传导系统"。

　　心脏不是一个大袋子，而是由四个腔室组成：右心房、右心室、左心房和左心室。每个"房间"在合适的时间有条不紊地重复收缩和扩张运动。如果它们各自为战，血液循环就会出现问题。

　　因此，心脏传导系统就像公司的运营系统一样，采用一种自上而下的运行方式将命令从总裁传递给职员。

　　这位"总裁"就是作为起搏点的窦房结，它是发出第一道指令的部位。它就是起搏器，在右心房的右上方产生有规律的电信号。指令接下来会到达房室结。

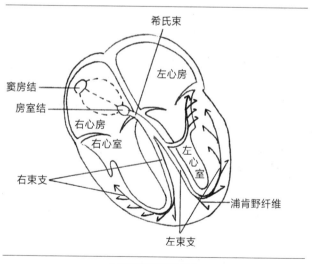

心脏传导系统的结构

房室结大约位于四个腔室的中心，信号在结内作短暂的延搁后再向后传递到希氏束、左束支、右束支和浦肯野纤维。它们相互连接，将信号传递到心脏的每个角落，引起肌肉收缩。作为"下属"，它们必须在最底层进行大范围的信息传递。

房室结也被称为阿肖夫-田原结。1906年，日本病理学家田原淳与他的导师德国病理学家卡尔·路德维希·阿肖夫发现了这个部位，它也因此得名阿肖夫-田原结。

如果心脏传导系统出现问题，无法很好地传递指令，就会引发心律失常。

根据功能障碍的类型，心律失常可以分为不同的类型。例如，"窦房结综合征"是由窦房结缺陷导致发出指令的频率降低引发心率下降；如果房室结功能障碍，就会发生"房室传导阻滞"——二者都属于心律失常。

不过，众所周知，心率并不是一直恒定的。当你处于紧张状态或进行剧烈运动时，心跳就会加快，因为大脑在通过自主神经进行调节。顾名思义，自主神经就是一种自动调节各种维持生命的功能的神经。

心脏由肌肉组成

我经常将器官与烤肉和烤鸡对比，因为很多人更熟悉这些动物的肌肉和器官，很容易想象它们的样子。对于心脏，只要说它是"爱心状"或"心形"，大家会轻松想象出它的形状。心脏是一块"肌肉"，这块肌肉被称为"心肌"。

人可以控制胳膊和腿上的肌肉，却不能自主控制心肌。没人能控制心脏跳动，也无法让它停下。这些不能被我们自主控制的肌肉称为不随意肌；反之，可以自主控制的肌肉是随意肌。心肌是典型的不随意肌。

心脏在静息时每分钟泵出约5升血液。而成年人全身的血液量约为5升，也就是说，血液在全身循环一次只需1分钟。不过，人在运动时泵血量会提高很多。随着心率的升高，心肌的收缩力也随之增加，泵血量可增加到每分钟35升左右。

因此，心脏可以像泵一样通过反复收缩将血液泵出，同时它也可以像真空泵那样通过扩张使血液回流。心脏向外泵出多少血液，就需要回收多少血液。因此收缩的力量很重要，扩张的力量也同样关键。

"心血管内科"是专门研究心脏和血管的科室。因为从心脏泵出的血液在全身循环，所以心血管内科关注的不只是心脏，而是整个血液循环系统。

在整个循环中有两个重要的部分。一个是肺循环，另一个是体循环，它们协力将从外界获得的氧气输送到全身。

两个循环过程简单来说就是：

①血液经过肺，从外部空气中吸收氧气。

②吸收的氧气随着血液进入心脏的左心房。

③含氧血从左心室输送到全身，各器官消耗氧气。

④血液从各个器官接收代谢产生的二氧化碳。

⑤二氧化碳溶解在血液中，回流至心脏的右心房。

⑥血液从右心室再次泵入肺部，释放二氧化碳并再次吸收氧气。氧气和二氧化碳在肺内进行交换，称为"气体交换"。

血液以心脏为中心画出一个"8"字形，并在肺和全身之间循环往复。

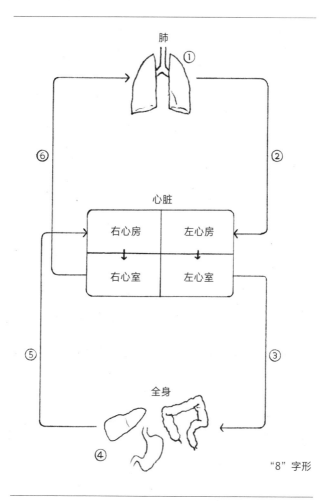

肺

①

⑥

②

心脏

右心房	左心房
右心室	左心室

⑤

③

全身

④

"8" 字形

两个循环过程

大脑控制呼吸

名为"呼吸"的奇迹

心跳不能自行停止，但呼吸可以。

你可以主动地选择深呼吸，或是长叹一口气。

呼吸显然比心跳更有自主性。

然而，我们并不能完全按自己的想法来控制呼吸，也没人在呼吸时会想"今天一分钟呼吸18次"吧。

在大多数情况下，呼吸是无意识的。虽然存在个体差异，但人类呼吸次数为每分钟12～20次，每天约2.5万次，一年约1000万次，一生约8亿次。即使你可以主动屏住呼吸，也只能停止很短的时间。大约1分钟后，你就会难以忍受，然后再次开始呼吸。另外，在剧烈运动时，呼吸也会在不知不觉中加快。

呼吸中枢位于脑干。这一中枢调节呼吸的节律，使血液中氧气和二氧化碳的量（分压）以及pH值（酸碱度）保持恒定。

即使你屏住呼吸……

紧邻心脏的主动脉弓和起始处略为膨大的颈总动脉内含有一些感受器，可以监测血氧、二氧化碳分压和pH值的变化。它们分别被称为"主动脉体"和"颈动脉体"，可以说是前线的侦察小组。

这个侦察小组向指挥官——脑干通报"战况"。阐明这一机制的是比利时生理学家柯奈尔·海门斯，他于1938年获得了诺贝尔生理学或医学奖。

另外，当我们"想要呼吸"时，起作用的是大脑皮层，它可以让我们随心所欲地屏住呼吸或深呼吸，因为大脑皮层也可以控制呼吸运动，这称为"随意呼吸调节"。

你之所以无法屏住呼吸太长时间，是因为身体默认呼吸中枢的命令优先于大脑皮层的命令。呼吸中枢关乎性命，而"靠不住"的大脑皮层可不能担此大任。

肺就像个气球

那么，空气又是怎样进出肺部的呢？

人们很容易认为肺本身具有扩张的能力，但事实并非如此。肺就像气球一样，自身没有主动变形的能力。

想象这样一个模型——将塑料瓶从中间切开，再在切口覆盖一张薄膜，将上方的瓶嘴打开，放入两个气球并插上可以进出空气的小管。这个模型中的气球就是肺，通向气球的分叉管是气管，底膜是横膈膜，塑料瓶内的空间对应的是胸腔。

向下牵拉底膜时，塑料瓶内的气压降低，空气从外部进入气球，气球会膨胀，直到气球内的气压与塑料瓶内的气压相等，这就是吸入空气时肺的运动。反之，如果松开底膜，塑料瓶内的气压就会恢复到原来的状态，气球内的空气会顺势排出去，这就对应呼气时肺的运动。

换句话说，肺本身不会自行调整大小，但肺会随着胸腔内的气压变化而膨胀或收缩。

在这个模型中，只有底膜调节内部容积，但对于人体来说，参与其中的不只有膈膜，构成胸廓的肌肉也可以调节胸腔的容积。以图中的模型来说的话，就是塑料瓶本身的壁面也可以大幅扩展。如果你深吸一口气，会

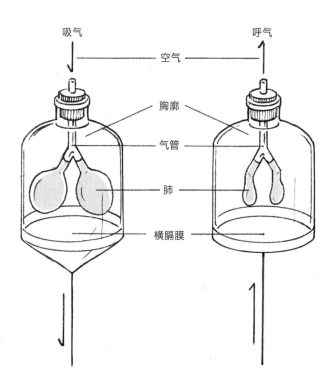

吸气　　　　　　　　　呼气

空气

胸廓

气管

肺

横膈膜

呼吸的原理

发现肋骨向上、向外扩张，前胸隆起。

剧烈运动时，肩部肌肉也能对胸廓起扩张作用。回想一下运动员奔跑时抬起和放下肩膀的情形，是不是就很容易理解了。

呼吸运动的信息通过神经传递到呼吸中枢，中枢根据这些信息实时判断"此时吸入或呼出了多少气体"，并发出适当的命令，调节呼吸节律。

横膈膜在图中是一层薄薄的"膜"，而且名称中也包含"膜"这个字，但它实际上是一块厚厚的肌肉。相信不少人在烤肉的时候见过它。就像里脊和肋条一样，从外观上看无疑就是肌肉。

就像之前所说，在想象一个器官的形态时，烤肉的菜单可以帮上很大的忙。人类不过是种类繁多的脊椎动物之一，人体器官的形状自然与其他动物的器官非常相似。

我们外科医生经常会让做手术的患者和他的家人看一眼切除的器官（实物或照片）。尤其是那些看到切开的小肠或大肠的人，会莫名其妙地联想到"牛肚"——它们的形状简直一模一样。

哪怕是第一次看到人体器官，你也还是会有似曾相识的感觉。

幽门螺杆菌与诺贝尔奖

胃癌的最大诱因

癌症是一种由于某些基因变化导致细胞无序增殖的疾病，这些细胞会破坏周围的器官，甚至危及生命。

大部分癌症是由多种因素叠加造成的，而非单一因素导致。然而，现在已经发现许多危险因素会增加患癌风险。

例如，肺癌在烟民中更为多见。烟民患肺癌的概率是非吸烟者的4.8倍，而吸烟是肺癌的最大风险因素。另外，烟民患喉癌、食道癌的概率分别是非吸烟者的5.5倍和3.4倍[6]。

那么胃癌呢？

盐和腌制品被认为是诱发胃癌的危险因素。腌制品包括咸菜等用盐腌渍的食物。另外，吸烟也会增加患胃癌的风险。

但近年来的研究明确了一种更大的危险因素——幽门螺杆菌。幽门螺杆菌感染会引起胃黏膜的慢性炎症。它会经过多年的发展导致胃黏膜萎缩，引发萎缩性胃炎，让人更容易得上胃癌。

幽门螺杆菌感染并不一定会导致胃癌，但它确实是一个风险因素。感染者患胃癌的风险比未感染者高15～20倍，只有不到1%的胃癌患者未感染过幽门螺杆菌[7]。

幽门螺杆菌是如何感染人类的呢？

事实上，大多数是家庭感染。父母经口传播给婴儿占多数。不过，据信成年人不会因为接吻或进食而感染幽门螺杆菌。

我们现今有多种手段检查胃中是否存在幽门螺杆菌。常见的测试是尿素呼气试验——在服用含有尿素的药物后，检测从嘴里呼出的气体。

幽门螺杆菌可以将尿素分解为二氧化碳和氨。因此，如果胃中存在幽门螺杆菌，受试药物中的尿素就会被分解，呼出的气体中就会包含分解产生的二氧化碳。换句话说，如果能在呼出的气体中检测到尿素分解产生的二氧化碳，就可以证明幽门螺杆菌的存在。

　　然而，无论有没有幽门螺杆菌，每个人呼出来的气体中都含有二氧化碳。如何鉴别呢？

　　实际上，受试药物中的尿素用同位素C-13进行了标记。自然界中碳原子的种类很多，它们的质量不同，其中约99%都是C-12。因此，如果服药后的呼出气体中含有大量C-13标记的二氧化碳，则可以证明幽门螺杆菌的存在。当然，C-13对人体是无害的。

　　除胃癌外，幽门螺杆菌还会导致胃息肉、淋巴瘤以及胃溃疡、十二指肠溃疡等多种疾病。当被问及引起胃溃疡和十二指肠溃疡的原因时，很多人会谈到"压力"或"暴饮暴食"，但实际上90%以上都是因为幽门螺杆菌或止痛药[8]（第3章将详细说明其与止痛药的关系）。

幽门螺杆菌的发现

　　1982年，一位医生发现了幽门螺杆菌。在此之前，人们认为细菌不能生活在胃里。因为胃里的pH值为1，是极强的酸性环境。

　　然而，澳大利亚医生罗宾·沃伦注意到胃中存在一种未知细菌，并试图对其进行培养。要证明这种细菌是活的，就需要培养增殖。另一位澳大利亚医生巴里·马歇尔也参与了此项研究。

他们从胃表面刮取样品，并将样品涂在培养基上，观察细菌数量是否增加。所谓培养基，是指一种富含细菌生长所必需营养的基质。

然而，实验进行得相当不顺。他们尝试了很多次，可细菌始终没有在培养基上生长。

他们的成功完全源于一次偶然。复活节假期时，马歇尔把培养基忘在了一边，离开了5天。意外的是，这段时间带来了决定性的成果——生长缓慢的幽门螺杆菌趁着假期在培养基上形成了一个壮丽的菌落。

沃伦

马歇尔将它放在显微镜下观察，发现它是一种以前从未报道过的螺旋状（helical）细菌（bacteria）。又因为它存在于幽门（pylorus）附近，因此沃伦和马歇尔将这种细菌命名为幽门螺杆菌（*Helicobacter pylori*）。

然而，胃中存在幽门螺杆菌并不能说明它会导致疾病。这种细菌真的会引起胃病吗？为了证明这一点，马歇尔用自己进行了人体实验。

1984 年，马歇尔亲自吞下了幽门螺杆菌，以证明其与胃炎存在相关性。结果，他患上了严重的胃炎和胃溃疡，随后他将结论写成论文发表。这是足以让质疑者信服的结论。

后来，人们知道幽门螺杆菌与包括胃癌在内的多种疾病有关，对公众健康的影响相当巨大。

沃伦和马歇尔还研究了消灭幽门螺杆菌的方法。目前的疗法是服用两种抗生素和一种胃药，每天两次，持续一周（有的产品将三种药物包装在一起）。马歇尔本人接受了联合治疗，据说成功根除了幽门螺杆菌。2005年，马歇尔和沃伦因以上成就获得了诺贝尔生理学或医学奖。

那么，为什么幽门螺杆菌能在强酸性环境中生存呢？事实上，我在前面已经提示了这个问题的答案：幽门螺杆菌产生的碱性氨，可以中和周围的强酸。为了在恶劣的环境中生存，幽门螺杆菌也在不断地进化，即便是敌人，也称得上是一位值得尊敬的对手。

大便为什么是棕色的

交通要道十二指肠

十二指肠是小肠的一部分，这一点可能让许多人都大感意外。不少人都听说过这个名字，但不知道它在哪里，也不知道它的作用。

胃的出口处有一扇门叫"幽门"，在其下游一段较短的肠就是十二指肠。小肠分为三个部分：十二指肠、空肠和回肠。十二指肠呈"C"形，是肠道最上游的部分。

十二指肠得名于它的长度——相当于十二个横指并列的长度，大约是25厘米。十二指肠所在的小肠是进行营养吸收的重要器官。

此外，十二指肠是消化道中特别重要的"交通要道"。

　　十二指肠和胰腺紧贴，胰管通过胰脏的中央部位并开口于十二指肠壁。胰腺产生的胰液通过该导管流入十二指肠，并与这里的食物混合。

　　胰液含有许多消化食物所必需的酶，包括分解碳水化合物的淀粉酶、分解蛋白质的胰蛋白酶和胰凝乳蛋白酶，以及分解脂质的脂肪酶。换句话说，胰液可以分解三大营养物质。

　　同时，胆管在十二指肠的同一位置也有一个开口。胆管是输送胆囊里的胆汁的管道。胆汁被储存在胆囊中，然后像胰液一样被送进十二指肠，并与食物混合。

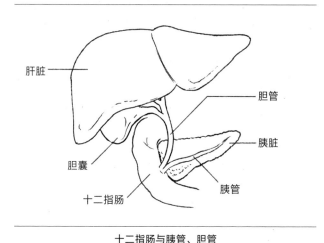

十二指肠与胰管、胆管

食物中所含的脂质就像拉面表面漂着的油一样，不会直接溶解在水中，只有在与胆汁混合后，胆汁中所含的脂肪酸和磷脂才会将脂质转化为易于吸收的形式，这种作用称为乳化作用。

由此可见，十二指肠以各种方式与周围的器官相连，是一个重要的消化场所。

红色便·黑色便·白色便

大家通常都会认为大便是褐色的。

但是大家想想看，我们每天吃的东西颜色各有不同，并不只吃褐色食物。为什么吃进去的时候色彩多样，排出的时候却总是褐色的呢？

事实上，大便的褐色就是胆汁的颜色。更准确地说，胆汁中所含的胆红素在肠道细菌的作用下转化为尿胆素，使大便呈褐色。

胆红素是通过分解血红蛋白形成的，而血红蛋白是红细胞的组成成分。红细胞的寿命约为120天，随后，老化的红细胞被破坏，里面的血红蛋白在肝脏中转化为胆红素并作为胆汁的成分流入十二指肠。

如果胆管由于某种原因被堵塞导致胆汁不能流入

十二指肠，又会怎样呢？食物不能与胆汁混合，排出的大便就会是白色的。

另外，大便的颜色也会因疾病发生变化。

例如，当大便中混有血液时，它会变成红色或黑色。当大肠或肛门出血时，血液会直接附着在大便上，呈鲜红色。当胃或十二指肠等上游器官出血时，大便则会变黑。因为大便在消化道的漫长旅程中，血红蛋白发生变性，并由红转黑。糊状的黑色粪便，就像日式佃煮[1]海藻一样。

大便的颜色还会因药物而发生变化。例如，检查用的钡剂会让大便变白；而治疗贫血的铁剂会让大便变黑。

大便可以说明很多问题，从身体的健康到药物的使用，大便都知之甚多。

据说通过生活垃圾可以搜集到人的爱好、品位、年龄、性别等诸多信息。同样，排遗物是透视我们体内环境的有力依据。

---

1 佃煮（つくだに），一种日式烹调方法，将贝类、海藻等海产品，加酱油、糖等调料炖煮。

可怕的胰腺外伤

胰腺的特殊性质

2015年，一名7岁男孩上学时不慎跌倒，脖子上挂着的水瓶被夹在腹部与地面之间，对腹部造成了强大的冲击[9]。

之后，男孩因持续呕吐被送往医院，检查后发现他的胰腺破裂。他在两周内接受了三次手术，切除了胰腺的一半，才保住一命。

胰腺的特殊性决定了胰腺外伤的后果非常严重。

胰腺呈黄色，长约15厘米，在胃后部，是一个柔软的器官。交通事故、跌倒、殴打等对腹部的强烈冲击都可能导致胰腺受伤甚至破裂。

之前提到，胰腺是产生胰液的器官，而胰液是一种多功能的消化液。如果胰腺破裂而导致胰液扩散进腹腔，会引发非常严重的问题——我们的身体会被消化（从某种程度上来说确实如此）。毕竟人体的成分与我们吃的动物并没有太大差别。

胰液会损害腹腔中的血管和器官并引发严重的炎症。在某些情况下，它甚至会危及生命。

人体每天产生约 1.5 升胰液，可以装满一个大塑料瓶。胰腺即便发生破裂，也还会持续产生胰液。除非通过手术修复，否则胰液会不断流入腹腔。

更麻烦的是，修复破裂的胰腺是一项艰巨的任务——胰管的直径很小，只有几毫米，并且胰腺本身就像豆腐一样柔软，所以手术难度很高。在某些情况下，破裂的部分可能难以被修复，必须部分或完全切除胰腺才行。

之前提到的男孩，在第一次手术时似乎保留了胰腺，但在第二次手术中切除了大约一半。据报道，切除胰腺后可能会因为胰岛素缺乏而导致糖尿病，所以切除也应格外慎重[9]。

空腔脏器和实质脏器

刀枪造成的外伤称为"穿透（锐器）伤"，交通事故、跌倒造成的外伤称为"钝器伤"。虽然钝器伤的伤口基本不会穿透皮肤，但与定位精确的穿透伤相比，钝器伤更可能造成大面积的严重损伤。前面提到的水瓶撞击就属于钝器伤。

在日本，钝器伤的比例占88%，穿透伤低至3%[10]。而且枪伤在日本极为罕见，大多数穿透伤是刺伤（用刀等）。

一般来说，实质脏器比空腔脏器更容易受到损害。所谓空腔脏器就是"管腔状"的脏器，或是内部有较大空间的脏器，胃、小肠、大肠、子宫、膀胱等都是这样的结构。而实质脏器就是一些"实心"的器官，例如肝、肾、脾、胰等。

空腔脏器可以根据外力发生凹陷或膨胀，灵活地调整大小，例如子宫就会随着胎儿的增大而变大。但实质脏器就没有这种本事。

事实上，空腔脏器受损只占全部钝器伤的1.2%，其余大部分都是实质脏器受到损害[11]。

肝脏是腹部最常见的外伤部位，其次是脾脏、肾脏等实质脏器。胰腺虽然比以上器官安全一些，但由于胰腺位于腹腔深处，因此单纯的胰腺损伤较少，90%以上的胰腺损伤还伴有其他脏器的损伤[11]。就肝脏来说，男性的肝脏重约1.5公斤，女性的重约1.3公斤，是腹腔脏器中最大的，所以很容易因为外力而受伤。

我们身体的某些部位非常脆弱，有些地方则不然。明白了身体的结构特点，自己有哪些弱点就一目了然了。

肠道的长度和人体的"玩笑"

人体的"玩笑"

你知道下消化道内镜检查吗？也就是人们常说的"肠镜"。这是种把细长的肠镜从肛门插入肠道进行的检查。与胃镜（上消化道内镜）相比，肠镜对受检者来说是一项更麻烦的检查。

受检者在检查前一天晚上就要开始准备。晚餐要少吃，睡前服用泻药，还要在深夜排便。而且在检查当天早上，受检者还要喝2升的液体泻药以完全排空大肠。如果肠道内有粪便残留就无法正常观察肠壁，检查质量也会下降。

检查当天，诊室前人满为患，他们要少量多次服用泻药，一趟趟地跑厕所，直到排出物为清水后才能接受检查。

排便顺畅与否和对泻药的反应程度各有不同，排空粪便所需的时间也因人而异。通常来说，便秘且大肠内粪便残留较多的人需要更长时间。有的人会立即排便，有的不会。从患者角度出发，这是一项相当头痛的检查。

检查本身所花的时间也有差异，因为每个人大肠的长度、弯曲度、走向情况都不同，影响了肠镜通过的顺畅度。我每次说到这些的时候都会有人惊讶，但其实这很正常，就像每个人五官的形状与大小、四肢长度、身高也都不同。但是，与那些通过观察就能发现的身体外在差异相比，内脏大小和长度的差别你就很难发觉了。

通常没有人会觉得自己的大肠在长度上与别人的不一样。正在读这些内容的你，大肠可能比我的长20厘米，除非你有什么特殊的契机，否则你不会注意到这个问题，因为大肠长20厘米也不会影响日常生活。

于是，在不影响生存的限度内，人体和我们开起了"玩笑"。每个人胃和肝的大小、小肠和大肠的走向、血管的粗细都各有不同。与外貌类似，在不影响健康的前提下，每个人的器官都有自己的"小个性"。

"盲肠炎"的误解

不过，假如器官的个性超出了"玩笑"的范畴，对人体产生了不良影响，那"个性"就变成"疾病"了。大肠稍微长一点没关系，但如果太长引发慢性便秘，或者肠道容易扭转（称为"肠扭转"），那就需要治疗了。例如，"乙状结肠冗长症"是因乙状结肠过长进而引起功能障碍的疾病。需要通过手术将大肠部分切除，并将剩余的肠管和肛门连接起来。

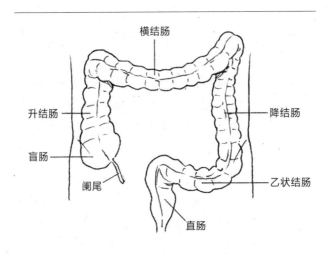

大肠

　　这里顺便一提，大肠分为盲肠、升结肠、横结肠、降结肠、乙状结肠和直肠，每个部分都有自己的名字，就像专属地址一样。从小肠流出的液体按照上面的顺序依次流经大肠，变成粪便。"乙状结肠"的名字源于它像"乙"字的形状，其弯曲程度因人而异，有些人弯曲程度接近"直线"，而有些人的像"Ω"一样。

　　此外，大肠和我们开的"玩笑"还有不少。

　　听说过"阑尾炎"吗？不知为何，以前人们误将它冠以"盲肠"的名字。在盲肠这个部位的下方才是"阑

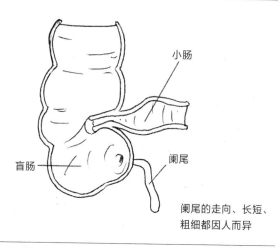

小肠

盲肠

阑尾

阑尾的走向、长短、
粗细都因人而异

阑尾与盲肠

尾"，这根导管发炎才叫作"阑尾炎"。阑尾炎的典型症状是右下腹疼痛，因为阑尾在你腹腔的右下方。

虽说是"右下"，但疼痛的具体位置也有些许差别，因为阑尾的大小和走向因人而异。有些阑尾又细又长，有些又粗又短。有的向上延伸，有的向下悬垂。即便都是阑尾，形态也是千差万别。

器官也有个性

其实我们盲肠的位置也不尽相同。所有人的盲肠都在大肠、小肠连接的部位，但有些人这个部位并不固定，可以四处游走，这被称为"移动性盲肠"。所以阑尾的位置也会因盲肠的游移而发生变化。因此，这种情况下阑尾发炎，疼痛的部位就很难说了。

此刻正在看书的你，盲肠可能就是不固定的，阑尾也可能比我的长5倍。但只有在你生病并接受检查时才会知道，因为器官在一定程度上的"个性"对生活不会造成影响。

说一些题外话，据说我的大肠"检查起来很方便"。负责肠镜的医生说，我的大肠的走向很直，并不太长，也没有大的弯曲，摄像头畅通无阻。

　　接受肠镜检查的患者会感到疼痛，但疼痛程度有很大的个体差异，很大程度上就源于器官本身的差别。很多人认为，外科医生的技术越好，疼痛越轻。虽然这一点不可否认，但检查能否顺利完成很大程度上还是取决于器官本身。

　　与肠镜不同，接受胃镜检查时通常不需要服用泻药之类的东西，因为一个健康人在一觉醒来后已经是空腹状态了。

屁是什么

放屁与嗳气的相通之处

屁为什么那么臭？因为大肠中的细菌会将食物分解并产生硫醇、硫化氢等有臭味的气体。硫化氢有臭鸡蛋味，这也是温泉臭味的来源。对细菌而言，它们只是在完成自身生存所必需的重要活动。

所以，人们很容易把屁误解为"肠内产生的气体"。其实不然，屁的大部分都是被你吞入的空气。

进食时，空气和食物一起被我们吞入。进入胃的空气，一部分回流并从口腔排出，这就是俗称的"打嗝"，在医学上称为"嗳气"。其余的空气与食物一起流入小肠，随肠道的蠕动向下游运输，并与大肠中的臭气一起从肛门排出，这就是屁。如果你吃饭狼吞虎咽，很容易吞入大量空气，也更容易打嗝、放屁。

但是，吃东西时完全不吞入空气是不可能的。对腹部进行 CT 扫描检查肠道时，必然能看到空气。空气的量或多或少，但只要你是一个健康的人，肠道中就不可能没有空气。无论你怎么细嚼慢咽，肯定会吞入一些空气。

肚子饿得咕咕叫，想必大家都有这种经历。但不光是在饿的时候，其实肚子一直在"响"。把听诊器放在健康人的腹部时，都可以听到"咕噜咕噜"的声音。我们说"肚子饿得咕咕叫"是指肚子发出了不用听诊器就可以听到的"巨响"。

肠鸣主要是肠道（小肠和大肠）运动和运输内容物时产生的。肠道以两种模式不断运动：一种是空腹时的"空腹收缩"，一种是饭后的"餐后收缩"。空腹时肠道的收缩力更大，从胃、十二指肠开始收缩并传递到小肠末端。这可以将残留的胃液和肠液运送到下游，为消化下一餐做准备。这就是为什么空腹时很容易听到肠鸣。你可能听到过非空腹时的肠鸣，这也不足为奇，因为肠道一直在运动，而活跃的肠道运动是健康的证明。

进行腹腔手术时，需要切开腹部，露出肠道。这时肠蠕动的声音大得吓人。毕竟通常是隔着肚皮听到的，而切开腹部后，失去了阻碍，肠鸣声可能响彻整个手术室。

反之，当肠道功能不良时，就很难听到声音了。如果用听诊器也几乎听不到肚子里的声音，有可能是得了肠道疾病。

不少人想当然地认为听诊器是用来听心跳的工具，但是像我这样的消化科医生，把听诊器放在病人肚子上的情况更多一些。

吃完就拉的原因

早餐过后，便意席卷而来。你有过这种经历吗？早餐后，去趟厕所再上班——有这种习惯的人为数不少。因为暂无便意就匆匆出门，半路上肚子里的形势急转直下，那时的你怕是后悔不已。

午餐后也是如此。我运营的医疗信息网站中有一篇关于排便的文章，其被访问时间明显集中在工作日的12点～13点。正因为很多人在这段时间去厕所，那么，搜索"腹泻"或"血便"等关键词集中于这一时段也就不难理解了。

乍一看，"吃完就拉"这种事再正常不过。但你稍加思索就会发现问题没这么简单——食物变成粪便不可能这么快。食物被慢慢消化，通过肠蠕动向下运动，一两天后成为粪便被排出体外。肠道不是下蛋笔，食物不可能把肠子里满满当当的粪便推出来。我们之前谈到，食物会在胃中稍作停留，随后被缓缓送入十二指肠。也就是说，在你被饭后的便意推进厕所的时候，食物大部分还在胃里。

那么，为什么吃饭可以催生便意呢？其实，食物进入胃部后会促进大肠蠕动，这种现象称为"胃–结肠反射"。人吃了东西后，大肠在神经反射的驱动下推动粪便向下运动，便意也随之而来。

经常便秘的人可能会想，排便如果能如此简单那该多好。但神经反射产生的实际效果也是存在个体差异的。

超乎想象的肛门

实弹和空炮

"实弹和空炮傻傻分不清楚"，做过肛肠手术的朋友跟我如是抱怨——肛门功能失常后，屁意与便意傻傻分不清楚。尽管听起来有点好笑，但现实中可真笑不出来。

肛门就像一台精密仪器，可以立即区分出肠道中过来的是固体、液体还是气体，并且在仅当它是气体时才将其排出。如果同时存在固体和气体，肛门能只排出气体，并将固体留在直肠内。人造物是无法实现这些功能的。

如果不能区分屁和粪便，你的生活会相当不便——你总不能每次都要跑到厕所的马桶上才能放屁。假如从事的是那种不方便上厕所的职业，岂不是要天天穿着纸尿裤了？

　　每每谈到这个问题，都会有人说"我的肛门有时会把气体和液体搞混"。诚然，即使是健康的肛门也很难将像水一样的稀便与气体截然分开。但是，这种情况并不多见，也就是在腹泻时才会出现，"偶尔犯错"也情有可原。

　　肛门的强大功能不止于此。

　　肛门可以在"无意识中"阻挡直肠中的粪便，不让其轻易排出。假如每当直肠里有粪便时，你都要用力憋住，那是什么感觉？恐怕很难正常生活，就连睡个安稳觉都很困难吧。

　　控制肛门收缩的括约肌有两种。一种是肛门外括约肌，另一种是肛门内括约肌。肛门外括约肌是我们可以自主控制的肌肉，即随意肌。而肛门内括约肌是一种不随意肌，不受自主意志的调节。

　　如果让你收紧肛门，相信你可以做到。此时，参与活动的是肛门外括约肌（以及耻骨直肠肌）。

　　直肠的容量无疑是有限度的，随着粪便逐渐累积，直肠壁被拉伸，肛门内括约肌在排便反射的作用下松弛。这时，你就可以自主控制肛门外括约肌来排便。

　　婴儿会出现反射性排便，因为他们排便的调节功能尚未成熟。成年人则可以通过大脑皮层控制肛门外括约肌的收缩，对抗神经反射带来的便意。

这些强大的肌肉和精密的感受器支持着我们的正常生活。平时我们对肛门的重要性并无实感，但它的确是无可比拟的卓越器官。

谨防肛门外伤

因异物进入肛门无法取出而去医院就诊，这样的案例相当多。直肠和肛门会因此受伤、出血，甚至穿孔，引发严重的腹膜炎。很多患者需手术治疗。

有相当多关于异物插入肛门的研究报告。患者的年龄范围很广：从20多岁到90多岁，而且据称男性的数量是女性的17～37倍[8]。插入的异物多为家庭日用品，饮料瓶和玻璃杯约占42%[8]，其他还有牙刷、刀、体育用品、手机、灯泡等。

另外，因空气压缩机的喷嘴插入肛门并意外导致死亡的报道也不鲜见。这是一种极其危险的行为。

肛门性交过度从而造成肛门和直肠损伤的案例也不少。因为直肠表面是一层柔软的黏膜，所以如果动作太过粗暴，直肠很可能撕裂或出血。与阴道相比，肛门和直肠壁都更为脆弱。

假如肛门或直肠损伤严重，痊愈前的一段时间内都无法正常使用。这种情形就需要通过手术制作人造肛门以改变粪便的排出路径。即便治疗成功，术后也可能无法完全恢复肛门的功能，还有出现后遗症的可能。

刚刚说过，肛门功能障碍对日常生活的影响相当大。

当然，不仅是肛门外伤会出现这种情况，直肠和肛门疾病（如直肠癌和肛门癌）的手术都可能造成肛门功能障碍。因为手术切除病灶时，肛门周围的肌肉和神经势必会受到损伤。

此外，交通事故和运动伤害造成的脊髓损伤也可能损伤肛门的神经。

什么是人造肛门？

除了直肠和肛门外伤，腹腔的某些疾病也可能需要人造肛门。据说日本有超过20万人[1]拥有人造肛门[12]。因为它隐藏在衣服里，难以发现，让很多人误认为人造肛门是类似于起搏器或人工关节的一种装置。

1　数字是根据已颁发的残疾证明的数量推算而来，不包括临时建造人造肛门的患者（之后会缝合的患者），因此实际数量可能比20万要多得多。——作者注

所谓"人造肛门"，就是在肚子上开一个洞，拉出一段大肠，让它与外界直接相通。它只是不同于屁股上的肛门的一个出口，并不是嵌入式装置。在暴露于体外的大肠处加一个袋子，就可以收集粪便了。粪便会自动流进袋子里，患者感受不到排便过程，需定期去卫生间清理。

与之类似的人造膀胱则是用肠子来代替膀胱。同样从腹部开孔处将肠的末端拉出来实现排尿的目的。人造膀胱的外观和原理与人造肛门相似，它们被统称为"造口（stoma）"。

造口袋有除臭功能，如果使用得当，不会有异味，也不会泄漏。患者也可以在使用防水胶带的情况下洗澡。遗憾的是，温泉等场所有时会禁止使用人造肛门的患者入浴。有人认为用干净的袋子包覆的人造肛门很脏，那么人自己的肛门能有多干净呢？裸露在外的肛门直接泡在热水里或许会更脏。

多说一句，屁股上的肛门与人造肛门不同，被称为"自然肛门"。建造临时人造肛门时会同时保留自然肛门，这样患者就会有两个"肛门"。这种情况下，有必要对二者的名称加以区分。

癌细胞最爱的器官

肝脏是人体的"物流基地"

来聊聊癌症转移这个有意思的话题。

癌症向其他器官转移称为远处转移。而消化系统癌症发生的远处转移，其目的地绝大多数是肝脏。例如，Ⅳ期结肠癌发生的远处转移，约一半的转移目标是肝脏[13]。肝脏也是胃癌、食道癌和胰腺癌等常见的转移部位。

为什么癌症转移会有这么大的器官偏好呢？人体有那么多器官，癌症为何"厚此薄彼"呢？

原因很简单——消化系统中的血液主要流向肝脏。癌细胞进入附近的血管并流向目的地，这样癌症才会转移到其他器官。可见，消化系统的癌细胞会不可避免地流向肝脏。

从消化系统收集的血液经由通向肝脏的大血管进入肝脏，血液中的癌细胞也随之进入，在肝脏中着生并增殖，再次形成肿瘤。

众多消化器官的血液汇集于肝脏，很符合营养吸收的原理。之前提到，食物被各种酶分解，营养物质通过消化道的黏膜进入血管，再顺着血流抵达肝脏。肝脏将它们转化为可以使用的形式并储存起来，以备不时之需。这就是肝脏被称为人体的"物流基地"或"化工厂"的原因。

比如，肝脏会将葡萄糖变成适合储存的糖原。此外，人体必需的蛋白质，如白蛋白和纤维蛋白原，也是在肝脏中合成的。它们的原料就是你从食物中吸收的各种氨基酸。各种维生素也储存在肝脏中，并在需要时转化为人体可吸收的形式。

考虑到肝脏的"化工厂"地位，这套将原料即刻输送到肝脏的配送系统是非常高效的。

也因此，肝硬化患者的肝功能出现下降，需要吃夜宵。这被称为"夜宵疗法（Late evening snack，LES）"。

健康人从晚饭后到第二天早上不吃东西也没问

题。这段时间的禁食不会对身体造成负担，因为储存在
肝脏中的糖原会根据需要转化为葡萄糖，为人体提供
能量。

肝功能下降时，糖原储存量较少，能量容易缺乏，
所以患者睡一觉后就会感到饥饿，身体负担很大。据
说，肝硬化患者禁食一夜相当于健康人禁食两三天[14]。

肝脏的解毒作用

食物分解产生的废物有时对人体是有害的，而解决
这些有毒物质也是肝脏的一项重要工作。

体内代谢产生的典型废物是氨，它是一种氮代谢
物。不仅是对人类，氨对所有动物来说都是一种有毒物
质。然而当蛋白质（氨基酸）作为能源物质被分解时，
不可避免地会产生氨。因此，将其转化为无害物质并排
出体外就很有必要了。

氨可以在肝脏中转化为无害的尿素，这一机制称为
"尿素循环"，是一种涉及多种酶的化学反应。氨转化
为尿素后，会作为尿液的一部分安全排出。

当肝硬化等严重肝病导致肝功能下降时，氨会在体
内异常积累。大脑很容易被氨损伤，血液中氨的增加会

导致昏迷，这被称为"肝性脑病"。

先天性尿素循环异常导致的疾病被统称为"尿素循环障碍"。氨在患者体内积累并引发各种问题，例如意识障碍、抽搐和发育障碍等。它是厚生劳动省[1]认证的疑难病之一。

如果你知道这些疾病的病因，就会明白肝脏的解毒功能究竟有多重要。

因此，动物要想利用蛋白质作为能源物质，氨处理系统则必不可少。大部分生活在水中的鱼会将氨直接排出体外。因为氨极易溶于水，可通过周围大量的水将其稀释。陆生动物则需要将氨转化为无毒的物质。哺乳动物学会了将氨转化为尿素，许多鸟类和爬行动物会将氨转化为尿酸。尿酸也是一种含氮化合物，难溶于水。与溶于水被排出的尿素不同，尿酸排泄不需要用水，而是以固体（结晶）的形式排出（随粪便一起）。这对生活在干旱环境中的动物来说非常有利。对于像鸟类这类为了适应飞行要控制体重的动物来说，排泄时不依赖水的尿酸也是个极佳的选择。

1　厚生劳动省是日本负责医疗卫生及社会保障的部门。

为什么会出现黄疸？

你可能听说过肝脏不好的人会出现黄疸。黄疸是指皮肤和结膜表面变黄，这是血液中的胆红素增加时的症状。

那么血液中的胆红素在什么情形下会增加呢？其实之前学到的知识已经可以回答这个问题了。

胆红素是老化的红细胞被破坏而产生的物质，是胆汁中所含的成分。对健康人而言，胆红素从肝脏排出，经胆管流入十二指肠，最终变成粪便的一部分，这一点我们前面已经说过了。

那么患有肝脏疾病的人又会怎样呢？肝脏排出胆红素困难，胆红素滞留在肝脏中，过量的胆红素进入血液，引发黄疸。

当然，能引发黄疸的可不止肝病。例如，肝脏功能正常，可胆管被阻塞，胆红素的排泌受到了阻碍，同样会出现黄疸。另外，如果红细胞因血液疾病而被过度破坏，胆红素增加，超过肝脏的代谢能力时，过量的胆红素进入血液，也会引发黄疸。这类疾病统称为"溶血性贫血"。

能引起黄疸的疾病有很多，但原理很简单。如果你了解器官的功能，病因也就不言自明了。

阴茎如何伸缩

大卫像的逼真造型

像阴茎那样能大幅改变体积的器官，怕是找不出第二个。

之前提到，胃、大肠和子宫等空腔脏器可以根据其内容物的体积改变形态。由于内脏壁比较柔软，它们可以比平时变大很多。然而，有着实质性内部结构的实质脏器是不能轻易改变体积的。从这个角度来讲，阴茎尤为特殊。

为了有效地将精子送进子宫中，阴茎在插入时必须相当坚挺。不过，如果阴茎不分场合地变大的话，就会妨碍走路，还有受伤的风险，所以变小会比较方便，这一点我之后再详述。那么阴茎是如何改变大小的呢？

　　勃起是从大脑接受性刺激并将信号通过副交感神经传递到阴茎开始的（阴茎受到物理刺激时，也可以不受大脑控制而勃起）。阴茎内部有叫作"海绵体"的组织。当动脉血流量增加，海绵体充血后就会像海绵吸水一样胀大。换言之，勃起的阴茎内部充斥着血液。

　　另外，海绵体有坚韧的白膜包裹，在勃起过程中来自内部的压力会迫使白膜变硬，进而压迫静脉并阻碍血液回流，让阴茎保持勃起状态。

　　副交感神经会在人放松时起作用，而交感神经的活动发生在紧张状态之下。换句话说，当你感到紧张或恐惧时，是不会发生勃起的。

　　米开朗基罗的代表作《大卫》，其高大的身形让"小巧"的阴茎显得不成比例。2005年，佛罗伦萨的医生发表了相关研究结果——这一雕塑展现的正是战斗前的紧张和恐惧感[15]。

　　文艺复兴时期，对人体解剖的禁令有所松动，解剖学得以迅速发展（详见第3章）。不仅是医生和解剖学家，后来名留青史的艺术家们也开始了解剖学的研究，试图准确地把握人体结构。

　　列奥纳多·达·芬奇完成了大约30具人体的解剖，并绘制了700多幅详细的解剖图。米开朗基罗也亲自解剖了人体，获得了准确的解剖学知识。大卫像之所以能如此逼真，原因也正在于此。

那么，当器官变得坚硬时，也意味着它失去了柔韧性。阴茎在勃起时比平时更容易受到外力的影响。阴茎受到外伤后会折断，这种情况被称为"阴茎骨折"。阴茎骨折的原因千奇百怪，例如性活动、自慰、翻身，还有人在晨勃时被跳到身上的孩子砸伤。

阴茎里并没有骨头，真正"断裂"的是白膜。它破裂的时候会发出"咔嚓"一声，继而出现内部出血和肿胀。如果不及时干预，阴茎之后可能会在勃起时弯曲，因此需要通过手术缝合白膜进行修复。如果治疗及时，很少会引发勃起功能障碍等后遗症[16]。

尿道的长度男女有别

男性的一部分尿道位于阴茎的中央，所以男性尿道同时具有输送精液和尿液的作用。而女性尿道则经过阴道前方，开口于阴道前庭。

正因这种结构差异，男性尿道比女性尿道长得多。女性的尿道长度只有4厘米左右，但男性的是其4～5倍。

因此，膀胱炎、肾盂肾炎等尿路感染在女性中更为常见。尿路感染是由于阴部细菌回流到尿路所引发。膀胱发生感染就是膀胱炎，当感染沿输尿管向上波及肾脏时，称为肾盂肾炎。

由于女性尿道较短，细菌很容易向上蔓延。另外，女性尿道口与肛门距离较近，也是增加感染风险的因素之一。

如果男性得了尿路感染，人们会不可避免地认为他有一些"难言之隐"。健康男性很少会出现尿路感染，除非有一些因素影响了排尿，例如良性前列腺增生、泌尿系统结石或恶性肿瘤。

如果与排尿有关的神经损伤，进而导致尿液不能顺利排出，滞留在膀胱中，这被称为"神经性膀胱炎"，它也是尿路感染的危险因素之一。例如，糖尿病恶化会导致神经受损，引发神经性膀胱炎，这是男性发生尿路感染的因素之一。

总之，男女的身体在生殖器官上的差异最大，这种差异也与疾病的易感性相关。

你能做到吗？——深部感觉

你能做到吗？

我们再来做一个实验。

右手握拳，竖起拇指，再闭上眼睛，用左手抓住右手的拇指，过程中不要睁眼。我想你应该马上就能抓到。不管右手放多远，你都能以最短的距离抓住你的右手拇指，百试百灵。

即使闭着眼睛，你也能准确地把握身体各部的位置。无论是鼻子、手肘还是脚趾，你无须注视就能精确定位它们。但你不可能闭着眼睛一下就摸到另一个人的鼻子——这种能力仅限于自己的身体。

你会觉得这是理所当然的吧？不用眼睛就能知道身体各部位的位置，这意味着大脑在不断接收身体传递来的"位置信息"。视线被遮住，却还能感知事物，唯一的解释就是身体以某种方式（视觉以外的方式）发送"某物在这里"的信息。

这是一种被称为"深部感觉"或"本体感觉"的感觉。与热觉、痛觉和触-压觉相比，它在日常生活中更加难以察觉。

热觉、痛觉和触-压觉的感受器主要分布于体表，而深部感觉的感受器位于骨骼的表面、关节、肌肉和肌腱等。这类感受器接收关节屈伸程度、肌肉收缩和松弛程度等关乎位置的信息，并通过脊髓将这些信息传递到大脑，让我们可以实时监测身体的位置和姿势。

即使闭着眼，你也能准确地感受到身体各个关节的弯曲程度，能在脑海中准确地想象出脖子、肩膀、手肘、膝盖、手腕等所有部位现在的状态。

闭着眼玩剪刀石头布时，你永远不知道对方出了什么，但你必然能确切地知道自己出了什么。

我们不假思索地走路、喝水、换衣服等，都依靠深部知觉才能得以实现。整个身体的关节和肌肉在实时提供信息，才能让我们顺利地调整姿态。

话说，你觉得最舒服的姿势是什么？

也许你的答案会是——窝在被子里的姿势吧。

那么，再进一步——躺着的时候，什么姿势最好呢？换句话说，肩膀、手肘、膝盖和髋关节弯曲到什么程度才舒服呢？

或许你从来没考虑过这个问题。你可能都是在无意中选择一个舒适的姿势入睡。

但是那些因重病或卧床不起而无法自主运动的人呢？自己不能主动调整到舒适的姿势又该怎么办？在医院及护理机构中，护理人员必须知道"什么姿势对人来说是舒适的"。如果自己无法自行移动，就必须让别人帮你调整姿势。

事实上，在医学层面已经明确了给肌肉和关节负担最小的舒适姿势，这被称为"良肢位"，区别于自然摆出的姿势，即"基本肢位"。

任何关节，如果过度拉伸或弯曲，都会造成较重的负担，程度适中是负担最小的。基于这些知识，护理人员会用枕头支撑患者的手臂和腿，或者通过垫入毛巾等手段，帮助病人保持一个舒适的姿势。

在给骨折患者用石膏固定关节时，通常也会采取良肢位。因为这种姿势负担最小，也不会给患者生活造成不便。

但采取舒适的姿势并不意味着卧床不起的人应该始

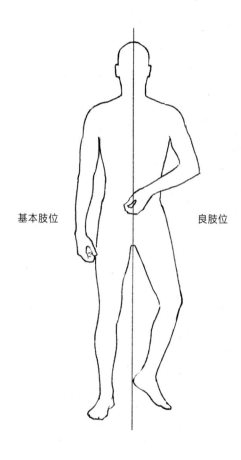

基本肢位　　　　　　　　良肢位

医学上舒适的姿势

终保持这个姿势。如果身体完全不动，你的关节就会逐渐僵硬，最终无法自由运动，这被称为"痉挛"。

为了防止痉挛，需要定期改变姿势，例如弯曲和伸展关节或从仰卧变为侧卧等。

健康人为什么不会得褥疮？

定期变换体位对预防褥疮也很重要。

健康人不管有多累，睡得有多沉，都不会长褥疮，因为人在睡觉时会无意识地翻身。

你也许意识不到，人在睡觉时会无意识地翻身是一个非常有价值的功能。如果没有这个功能，褥疮会很快找上门来。

设想把一个五六十公斤乃至100公斤的东西放在床上，东西下面的压力可不小。

仰卧睡觉时，臀部、脚跟、手肘、肩胛骨和后脑勺会承受很大的重量，这些都是褥疮的易发部位。

因重病或卧床而无法活动的人，要定期变换体位以避免褥疮的发生。如果患者是成年人，这项工作就需要好几个人一起完成了。在医院和护理机构，护士和护工都会定期进行此项工作。

　　我们通常意识不到拥有一个健康的躯体是多么幸运。很多身体机能是在我们无意识中完成的，一旦因疾病失去这些正常功能，很快就会引发全身性的问题。在睡梦中调整舒适的睡姿是健康的躯体所拥有的宝贵功能。

手肘被撞为什么又麻又痛?

只有无名指和小指会麻

　　手肘不小心撞到桌角,整条手臂又麻又痛,相信许多人都经历过。奇怪的是,明明撞到的是手肘,但酥麻的痛感却会蔓延到指尖。

　　是什么原因造成了这种现象呢?

　　这是因为有一条神经位于手肘的浅表部位,它就是"尺神经"。

　　尺神经负责小指和半侧无名指的知觉。手肘被撞时,你会感觉整只手都麻了,但事实并非如此——只有无名指和小指会麻。严格来说,无名指也只有外侧的一半会麻。下次你再被撞到时,可以细心留意。你会发觉出现麻痹的范围比你想象的要小很多(尽管你可能痛到没有这份闲心）。

除尺神经外，桡神经和正中神经也控制手的知觉。它们都从手臂延伸到手掌，每条神经所负责的区域也有严格的划分。

当然，神经不仅负责手的知觉，还控制其运动。人体的其他任何部位都无法像手一样做出复杂的运动。仅手部就有27块骨头；控制拇指的肌肉就有8条。三种神经以复杂的方式协同工作，使手能够完成精细的活动。

桡神经麻痹常被称为"星期六夜综合征"或"蜜月综合征"。因为最常见的原因就是伴侣长时间枕着你的

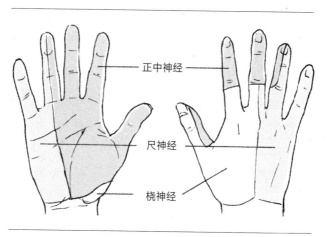

支配手部知觉的神经

胳膊。

因桡神经麻痹致使手指伸展困难，手腕难以弯曲，称"腕下垂"。

血管行经之处

许多大神经和动脉都分布在身体较深的部位。重要的血管和神经藏在深处对我们是有利的，因为这样它们不易受伤。

但总有例外，就像上面提到的尺神经一样，有些神经的位置非常浅，有些动脉也是。

听说过"割腕"吗？就是为了自我伤害而割断手腕上的血管。

为什么偏偏选了手腕？

当然是因为有条特立独行的动脉位于身体浅表，它就是"桡动脉"。只要将手指轻轻放在手腕上，你就能感觉到它的脉搏。

和手腕类似，身体还有几个地方也有位置很浅的动脉，可以摸到它们的脉搏。典型的例子包括颈部、腋窝、肘内侧、膝盖后、腿根和脚背。医院里的医疗人员在确认脉搏时，肯定会选择这些部位。

　　反言之，在身体其他部位，除非伤口极深，否则不会伤到动脉。当然，你也不能从这些位置摸到脉搏。

　　你也可以看看手背和手腕，能清楚地看到很多有颜色的血管分布在皮下，这些都是静脉。当你触摸静脉时，感觉不到脉搏，毕竟静脉没有动脉那样明显的律动。

　　医院里进行的注射或采血通常会选择静脉。特殊情况下也会从动脉采集血液或将插管插入动脉进行治疗，但静脉注射占绝大多数。如果要进行动脉注射，你的主治医生会特意告知你"动脉注射"。如果没有特别说明，则默认为"静脉注射"。因为静脉注射更安全，也更方便。

第 2 章

人为什么会生病？

活着本身就是一种病。所有人都会因它而死。

——保罗·莫朗（小说家、外交官）

关于死因

日本的死因死亡率

我们会因何而死？

致人死亡的原因当然多种多样，但如果我们对死因稍作统计，就可以发现一些趋势。接下来，我们来看看日本死因死亡率的发展趋势。

我们可以清楚地从图表左侧看到，胃肠炎、肺结核、肺炎等传染病在过去是主要的死亡原因，但随着时间的推移，这些疾病的死亡率已显著降低。

过去，传染病夺去无数人的生命，不仅在日本，在世界范围内也是如此。后来，由于抗生素等药物的长足进步，疫苗等预防措施的普及，以及环境卫生的改善，日本死于传染病的人数急剧下降。

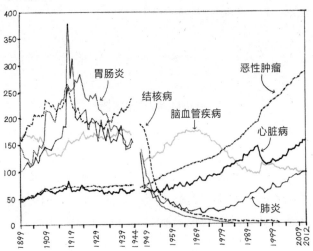

每10万人中

引自："流行病学——肺炎流行病学的真相是什么？——从死亡率看肺科医师的现状和未来"，日本呼吸学会杂志2（6），2013。

不同死因的死亡率变化

放眼全球，传染病仍然是医疗水平较低的发展中国家的主要死因。根据世界卫生组织（WHO）的一项调查，在低收入国家的十大死因中，有一半以上是传染病[1]。肺炎、肠胃炎（痢疾）、疟疾、肺结核和艾滋病位居前列。随着收入的增加，主要死因也从传染病转移到心脏病（心肌梗死和心肌病等心脏病）、脑血管疾病（中风）和恶性肿瘤（癌症）。从之前的图表中可见，日本在二战后也有类似的趋势。

癌症死亡率上升的意外因素

2019年的统计数据显示，恶性肿瘤、心脏病、衰老、脑血管疾病、肺炎这五大因素导致的死亡占总死亡人数的70%左右。意外事故、肾衰竭、阿尔茨海默病和其他不常见的死因各占1%到百分之几不等。

自20世纪80年代以来，恶性肿瘤（癌症）一直是导致人类死亡的首要原因，并且其死亡率还在不断攀升。目前，癌症占所有因素死亡率的四分之一以上。

造成这种局面的最大原因是人口老龄化。从按年龄划分的癌症死亡率来看，癌症造成的死亡从50岁开始逐渐抬头，到70岁后急剧上升。

尽管有些癌症在年轻人中也不少见，但就总体而言，老年人更易患癌症。

当基因发生某种异常变化，正常细胞变成癌细胞（癌变），并以不受控制的方式增殖，就会引发癌症。特别是"饱经沧桑"的躯体，细胞更有可能发生癌变。

尽管这种说法不太严谨，但癌症造成的死亡增多正是因为医学的进步使人类的寿命延长了。或许你会问："为什么过去死于癌症的人这么少？"那是因为过去的人在得癌症之前就死于其他疾病了。

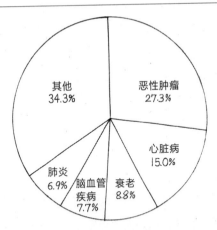

其他
34.3%

恶性肿瘤
27.3%

心脏病
15.0%

衰老
8.8%

脑血管
疾病
7.7%

肺炎
6.9%

引自：厚生劳动省"2019年生命统计月报年度合计（粗略）总览"

主要死因占比

随着癌症引发的死亡逐年增多，有人会认为"针对癌症的治疗没有任何进展"，但这样的看法有失偏颇。如果老龄化导致老年人口比例上升，那么死于癌症的人数将不可避免地增加。将一万名大学生和一万名养老院老人的癌症死亡百分比进行比较，显然后者更高。

因此，想知道癌症治疗是否有进展，划分年龄段再进行比较更合适。这时候我们采用"年龄分段死亡率"。从年龄分段死亡率来看，癌症本身的死亡率是逐年下降的。

事实上，近年来癌症治疗取得了惊人的进展。新型抗癌药物层出不穷，手术成功率大为提高，放射治疗、免疫治疗等手段也越来越多。

除了癌症，心脏病和脑血管疾病也是导致死亡的重要原因。这些疾病大多是由患者的生活方式所引起——"生活方式病"是指与生活方式密切相关的疾病，如高血压、糖尿病和血脂异常（高胆固醇和甘油三酯疾病）等。

在过去，生活方式病被称为"成人病"，因为它被认为是随年龄增长而出现的疾病，既不可避免，又无法预防。但后来日本号召国民改善饮食习惯和运动习惯，减肥并戒烟，以预防该类疾病。因此在1996年前后便将

"成人病"更名为"生活方式病"。

生活方式病的共同特点是没有主观症状，在不知不觉间慢慢侵蚀身体。高血压、糖尿病、血脂异常和吸烟等会加速动脉硬化，这将损害心脑血管，引发诸如心肌梗死和中风等致命疾病。

除此之外，肝、肾、肺等诸多器官会被生活方式病所累及。损害会在体内长期积累，并在数年或数十年后发展为严重的疾病。

然而，生活方式病的病因不仅仅是"生活习惯"，遗传和环境也是重要因素。不少人存在一种偏见，认为"生病是自己的错"，但疾病的诱因并没有那么简单。

癌症也在生活方式病的范畴之内。尤其是吸烟这个习惯会导致多种癌症。癌症患者中，30%的男性和5%的女性患病原因与吸烟相关。有报道称，吸烟者的平均寿命比不吸烟者短8～10年，每吸一根烟平均会缩短11分钟的寿命[2, 3, 4]。

导致死亡的最大原因是……

一个人无论多么健康，老后也必然会死。我们不能忽略"衰老"这一主要的死亡原因。

目前，衰老和肺炎都是导致死亡的重要原因。两者造成的死亡都在逐年增加，但因衰老死亡的人更多。在高医疗水平国家，肺炎也是造成老年人死亡的重要原因（这里所说的"肺炎"与过去造成大量死亡的传染病有不同的意义）。

根据年龄分段看肺炎死亡率可以更清楚地看到这一点。大多数肺炎死亡发生在70岁之后[5]，而年轻人的肺炎死亡率则远低于老年人。这是因为人的呼吸功能随着年龄的增长而下降，而老年人抵抗力低下，肺炎对他们也更致命。

此外，食物进入呼吸道引起的肺炎称为吸入性肺炎。"吸入"即"误吞"，本应进入食道的食物进入了气管。

年轻人可以依靠"咳嗽反射"来应对这种情况，这就是所谓的"呛着了"。不过，随着年龄的增长，这一功能会下降，肺炎也就更易发生。严格来说，吸入性肺炎和非吸入性肺炎通常很难区分开。老年人的肺炎也常常被认为是"衰老"本身引起的，如此一来，医学上很难将肺炎与衰老加以区分[5]。

综上所述，我们可以得出一个大致的结论：现在，日本人最主要的三个死亡原因是癌症、生活方式病和衰老，并且在未来不太可能发生明显的趋势变化。

需要特别注意的是，由于死亡的概率随着年龄的增长而增加，如果只是简单地关注死亡的几个主要原因，那无疑只是看到了中老年人群。

那么，又是什么导致了年轻人的死亡呢？

纵观10～30岁人群，我们注意到了一些完全不同的死因，尽管它们在日本总体的死因排名中并不突出。

15～39岁人群的主要死因是自杀。而且，对于这一充满活力的人群来说，"意外事故"造成的死亡率也不低。全社会有必要采取一些有力措施来避免这些非正常死亡。

总之，回答"人因何而死"这个问题，要在了解不同年龄层的特征的基础上再进行讨论。

不吃不喝的生存方法

摄入多少水分和营养才合适？

你昨天摄入了多少能量和水呢？

应该没人能准确回答这个问题。如果没有持续摄入营养和水，我们人类就无法生存，但你并不知道具体的摄入量是多少，更不会在日常生活中通过某个算式来决定要吃多少东西，喝多少水。

"今天我少摄入了200毫升的水和300卡路里的能量，所以我要在睡前喝杯牛奶，再吃一片面包。"应该没人会这么干。一个健康人，渴了喝水，饿了吃饭，这就够了。

然而，通过进食和饮水来满足身体对营养及水分的需求，这一机制看似简单又理所当然，实际上却非常宝贵。

无法通过口腔进食或饮水的患者相当多，比如失去意识的人，通过气管插管连接呼吸机的人以及患有食道、胃和大肠等消化道疾病的人。为了维持他们的生命，医生需要以某种方式将水和营养物质注入患者的身体。否则，他们将死于脱水和营养不良。

于是，在临床上，医护人员每天都会计算病人所需的能量和水分。特别是当病人失去意识时，必须由他人推算水和营养的摄入量，并根据结果注入相应的量。具体的测算会参考体形、器官功能、病情、排尿量等信息。

如何把这些水和营养物质送入病人的身体就是接下来的问题了。

方法大致有两种：其一是将营养物质（静脉注射液）直接注入血管；其二是将营养物质注入胃、十二指肠等消化道。

将营养物质注入血管的方法就是所谓的"输液"。然而，往手臂上扎针的普通方法并不能提供人一天所需的全部营养，因为通过手和脚的外周血管给予过高浓度的溶液会损伤静脉，引发炎症。

因此，临床经常采用"全胃肠外营养"技术。医生将导管（医用细管）从病人颈部、锁骨下方或上臂（手肘上方）插入，导管前端置于心脏附近粗大的上腔静脉中部——这种方法可注入高能量的注射液。病人能以这种特殊的静脉输液方式，获得与常规进食等量的水和营养物质。

　　但这种方法也有缺点：食物不经过肠道进入人体，会导致肠道黏膜萎缩，肠道机能下降。就像第1章中提到的航天员一样，人体真的很容易养成偷懒的习惯。

　　因此，医学界有"只要胃肠道允许，就应首选肠内营养（If the gut works, use it）"的说法。也就是说尽可能将营养物质注入消化道。

　　通过鼻子插入长导管并将导管前端放入胃中的方法，以及制作胃瘘管并将营养物质直接注入胃中的方法称为"管饲肠内营养"。与将营养物质注入血管相比，这种方法对身体来说更接近于"吃东西"，只是省略了咀嚼和吞咽食物的过程。

　　当然，要是肠道无法使用，就要避免采用这种措施。例如，患者有胃肠道疾病或出现严重呕吐或腹泻现象时，全胃肠外营养就是最佳选择。

　　总之，现今的人类的确可以在不吃不喝的情况下生存很久。在患者痊愈，可以开口吃饭之前，这种维系生命的关键技术正是医学的一项重大突破。

"摄入不足"引发的疾病

上一节说"注入必要的水分和养分，不吃不喝也能生存"，但现实中可没那么简单。假设一个人每天需要摄入1500卡路里的能量，那么这个人每天只吃含1500卡路里能量的米饭就可以保持健康吗？

我们先不考虑只吃米饭是否难以下咽的问题，可以想象这种单一的饮食结构必定会引发健康问题。毕竟所有人都有这样一个概念：如果过于偏食，肯定会缺乏某些营养。

然而，这是人们在进入20世纪后才知道的一个"常识"：食物中蕴含着丰富的微量营养素，而缺乏这些营养素会导致健康问题。这类物质有很多，其中最重要的是维生素。

1912年，波兰生物化学家卡西米尔·冯克发现了脚气病[1]的病因——缺乏某种营养素。这种营养素是生命所必需（Vital）的，并且是一种胺类（Amine），因此被命名为"维生素（Vitamine）"。这就是维生素

---

1 脚气病又称维生素B_1缺乏病，主要影响神经系统、心血管系统。患者往往出现神经炎、肌肉力量下降、疲劳、心悸等全身性症状。与真菌引起的脚气（脚癣）并非同一疾病。

B_1（后来人们发现许多维生素并不属于胺类，因此改名 Vitamin）。

此后，新的维生素被接连发现。一个惊人的事实是：许多之前原因不明的疾病正是由"特定营养素"的缺乏所导致。维生素缺乏是多种疾病的诱因，包括坏血病（缺乏维生素C）、佝偻病（缺乏维生素D）、糙皮病（缺乏维生素B_3）、夜盲症（缺乏维生素A）和恶性贫血（缺乏维生素B_{12}）等。

维生素是维持人体正常功能所必需的有机化合物的总称，但是它们不能像三大营养素那样可以提供能量。维生素有十三种，其中大多数人体无法合成，需要从食物中获取。

日本昔日的国民病——脚气病

脚气病在日本有着悠久的历史，一度被称为"国民病"。患者的手脚会因神经受损而麻痹，出现感觉迟钝等症状，病情严重会出现心力衰竭，甚至死亡。

在日本江户时代，随着白米逐渐取代糙米，脚气病逐渐蔓延开来。这是因为糙米被加工成精米的过程中，富含维生素B_1的胚芽被碾去了。此外，当时副食比较稀缺，人们饮食结构较为单一，进一步加重了维生素B$_1$的缺乏。脚气病曾被认为是一种原因不明的疑难杂症，因为它在白米率先普及的江户很常见，所以也被称为"江户病"。

进入明治时期，脚气病的流行进一步扩大，每年有1万～3万人死于脚气病[6]。特别是在军队中，士兵一个个因脚气病倒下，举国不安。患脚气病的士兵比战场伤员还多，军队处于崩溃边缘。

海军军医高木兼宽很快意识到饮食是引起脚气病的原因。曾在英国留学的他发现英国海军中没有脚气病，随即意识到西式饮食是解决问题的关键。在将大麦引入部队伙食后，日本海军的脚气病迅速得到遏制。

高木兼宽

不过，陆军军医森林太郎却坚持认为脚气病是由"脚气病菌"引起的细菌感染。

当时，细菌学在德国蓬勃发展，德国在该领域居于世界领先地位。作为从东京大学到德国学习尖端医学的精英军医，森林太郎认为高木凭借自身经验得出的治疗方法并不科学。随着大麦能有效治疗脚气病的说法传播开来，他却越来越坚持细菌学说。那时，陆军士兵的饮食配给是每天6碗白饭，副食也很少——这种饮食结构的确容易让人患上脚气病。

最终，日本陆军在中日甲午战争中有超过4000人死于脚气病，而在日俄战争中的病死人数则多达27 000人。对比之下，海军士兵在中日甲午战争中死于脚气病的人数为0，在日俄战争中也只有3人[7]。虽然海军士兵数量少于陆军，但这个差异也颇为惊人。

1911年，化学家铃木梅太郎首次从米糠中提取出一种对治疗脚气病极为有效的物质，并将其命名为硫胺素。然而，由于他的论文用日语发表，他的成果未能引起世界范围内的注意。次年，冯克发现了"维生素"，并最终认识到脚气病是一种维生素缺乏症。

出于以上原因，森林太郎在医学界的评价

森林太郎

不高。不过，他还有一个名字——森鸥外，是日本家喻户晓的大文豪。日本医学界深受德国影响，有"研究至上"的风气。为了强调临床医学的重要性，1881年，高木兼宽成立了医学研究所"成医会讲习所"，即东京慈惠会医科大学的前身。

疾病与健康的边界

出乎意料的难题

"疾病"是什么？回答这个问题格外困难。我们举个例子吧。

细菌是可以引发疾病的微生物。那么，细菌进入体内就一定会让人生病吗？并非如此。我们的皮肤上就有很多细菌，我们的口腔和肠道也布满细菌。只有当这些细菌对身体造成损害时，我们才说患上了某种"疾病"。只看细菌存在与否并不能判断人体是不是生了病。

金黄色葡萄球菌能引起多种疾病，包括心内膜炎、关节炎和皮肤感染。它也是"传染性脓疱疮"，俗称"黄水疮"的致病菌之一。

2000年，雪印乳业（现为雪印惠乳业株式会社）的乳制品引发大规模食物中毒，超过13 000人受到波及^[8]。此次事件的原因就是金黄色葡萄球菌在食品生产过程中不断繁殖并产生毒素。2012年，模特劳伦·瓦塞尔（Lauren Wasser）因使用卫生棉条导致了严重的细菌感染，并引发中毒性休克综合征，最终截肢。这一事件的罪魁祸首也是金黄色葡萄球菌。

金黄色葡萄球菌着实可怕，可实际上，有大约30%的健康人携带这种细菌。它通常附着在人的鼻子里和皮肤表面。换句话说，"体内有金黄色葡萄球菌"并不等于你一定会得病。而且治疗方法也不是"根除金黄色葡萄球菌"——"治愈"感染也不等同于"清除身体中所有细菌"。如果身体处于"有细菌却没有得病"的状态，也可以说他已经"痊愈"了。所以，疾病与健康之间的区别并没有那么简单、直接。

病毒感染就更复杂了。

有一种叫作"口唇疱疹"的疾病，它由单纯疱疹病毒引起，会导致患者口唇周围肿胀且伴有疼痛。

该病毒潜伏在人体的面部神经节内，当机体疲乏不堪的时候，它就可能被激活并导致口唇疱疹。也就是说，"体内潜伏着疱疹病毒"并不是一种疾病，携带着病毒也可能是健康的。只有当它让你嘴唇不适时，才算生病。

还有一种疱疹病毒——人类疱疹病毒6型,它能引起急性皮疹。基本上所有人都在小时候感染过这种病毒,有些人会出现皮疹,有些人却没有症状。这种病毒会寄居在人体内,并与人类一起度过余生。即使是婴儿期从不外出的儿童也可能感染这种病毒,因为父母体内的病毒也会感染孩子。

这些病毒不能也不需要根除。只有当机体出现不适的症状或严重到危及生命时,才会被认为患病,并进行医疗干预。换句话说,生病与否也是根据医疗需要决定的。

我们常用核酸检测的方法判断是否感染了新型冠状病毒。因此,很多人认为可以根据核酸检测的结果来判断一个人是否生病,但事实绝非如此。

比如,一个人感染了新冠病毒,可一段时间后症状消退,他怎么知道自己的病是否已经痊愈了呢?

研究发现,出现症状后7～10天,患者不再具有传播病毒的风险[9,10]。如果这时他已无任何症状,当然不能被视为"患者"。他没有任何不适,生命没有受到威胁,也没有将病毒传播给他人的风险。

有人在2～3周的时间里,核酸检测结果都会显示为阳性[9, 10]。但核酸检测判断的是人体内是否存在病毒片段，无法判断一个人患病与否。

我们应该明白，病人是那些"有必要接受治疗或隔离的人"，而不是单纯的"检测呈阳性的人"。遗憾的是，大多数人并不理解这种观念，并认为依靠先进的医疗设备和诊断技术得出的指标来判断一个人是否得病，似乎更有说服力。

癌症迷思

癌症也不是一个简单的命题。即使是健康人，身体也会不断地产生癌细胞。癌细胞每天都会在细胞分裂过程中出现，并被免疫系统清除。"体内存在癌细胞"并不意味着人会得癌症。

只有当癌细胞增殖、破坏周围器官并有可能危及生命时，才会被认为"生病"并接受治疗。即便是癌症这种大众心中彻头彻尾的疾病，它与健康之间的界限也并不清晰。

在进行尸检时，偶尔会发现前列腺癌。在50岁以上的人群中有20%左右的概率，而在80岁以上的人群中则有60%左右的概率[11, 12]。这种前列腺癌可能没有引起任何不适，也不会危及生命，携带者还未发现癌细胞就已经死亡。

这种癌症被称为"潜伏癌"。许多情况下，疾病发展过于缓慢，携带者还没来得及发病便寿终正寝了。

那么，死后被发现患有潜伏癌的人可以说是"生前患有疾病"吗？如果癌症没有引起任何症状，不影响周围器官，也没有危及生命，那么这种癌症是不是一种疾病呢？

至少，如果它是一种发展速度比衰老速度还慢的癌症，就没有被诊断的必要。它的确是癌症，但我们很难将其称为"疾病"，因为"疾病"的概念就是出于医疗必要性而存在的。

当然，大多数癌症在被发现时都被诊断为疾病。这是因为医生可以根据大量数据精准判断——如果不加以治疗，患者将失去生命。但是，除非你用时光机看看"不采取治疗的未来"，否则你不会知道自己是否真的需要治疗。

可见，人是否生病的依据，并非那些未经人类判断的明确指标，而恰恰是人自身对医疗必要性的考量。

危险因素的发现

历史上有一项著名的研究——弗雷明汉研究。本研究从1948年开始，对居住在波士顿郊区弗雷明汉市的5000多名男性和女性进行了密切跟踪，以明确心血管相关疾病的危险因素。

当时，美国有许多人死于心肌梗死等心血管疾病。在传染病死亡人数急剧下降的同时，心血管疾病快速流行，成为首要死因。但是，当时的人们完全不知道发病的原因，更没有预防方法。越来越多的人因此丧命，举国震惊却束手无策。

后来，美国国立卫生研究院（NIH）发起了弗雷明汉研究。美国投入巨资，进行了世界上第一项该领域内的大规模前瞻性研究——对一个城镇的居民进行了多年的跟踪调查，以找出心血管疾病易发人群的特征。

这个巨大的项目揭示了一连串重要的事实：患有高血压、糖尿病等疾病的人，以及高胆固醇、肥胖和吸烟的人比其他人更容易患心血管疾病。而且其中几个因素的叠加会明显增加患心血管疾病的风险。后来大量的流行病学研究也证实了这一观点。

高盐高脂的快餐随处可见，汽车社会导致人们普遍缺乏运动并引发肥胖，吸烟率也居高不下……现在来看，当时的美国人患生活方式病的危险因素有一大把。不过在弗雷明汉研究之前，人们对这些因素并没有深入的认识。

随后，针对高血压、血脂异常和高血糖等危险因素的治疗药物层出不穷。这些几乎都是没有任何症状、以前不会被认作疾病的"状态"，而在紧迫的现实下被重新认定为"疾病"。

许多流行病学研究的结果也改变了疾病的定义。要是有人问："应该将血压、胆固醇和血糖水平降低多少才能最大限度地减少生病的可能性?"如今的我们能比前人给出更确切的答案。

例如，1987年日本厚生省（现厚生劳动省）将高血压的标准定为180/100mmHg。但随着时代的发展，这个标准变得愈发严谨。2019年厚生劳动省设定的目标血压是：75岁以下人群为130/80mmHg，75岁以上人群为140/90mmHg（高血压本身的标准是140/90mmHg）。

弗雷明汉研究仍在继续，新的证据也在不断涌现。最初那批研究对象的子女也参与到研究中，成了新的研究样本。研究人员仍在跟进他们的状况。

弗雷明汉研究首次提出了"危险因素"的概念，它是历史上的一个重大转折。它告诉人们，身体经年累月患上某种疾病，并不是出于某个单一原因，而是多种因素交织在一起的结果。弗雷明汉研究等流行病学研究对于治疗这些疾病发挥了至关重要的作用。流行病学研究可以结合统计学，明确地告诉人们"哪里出了问题"和"应该做什么"。至于疾病发病机制的研究，在流行病学研究之后再进行也无妨。

免疫系统可以区分"自己"和"非己"

两种免疫方式

夏天高温高湿,食物很快就会发霉变质。如果冰箱这时候恰好坏了,估计家里的不少东西都会腐烂发臭。

然而,家里有一个巨大的有机体,即使在这样恶劣的环境下也不会腐坏,那就是我们的身体! 只要我们保持健康,身体就不会发霉或腐烂。

"腐烂"是微生物分解有机物的生命活动。那么为什么微生物不能分解我们呢?

这无疑是我们免疫系统的功劳。免疫系统可以清除侵入体内的微生物等外来物质。它可以区分"自己"和"非己",只会攻击那些被认为是"非己"的物质。

之前说过,我们和无数细菌、病毒与真菌生活在同一个环境中。多亏了免疫系统遏制它们，我们才不会天天生病。

免疫系统对抗外来病原微生物的方式主要有两种。

第一种方法称为"先天性免疫"。这是我们与生俱来的功能，可以直接攻击（吞噬）入侵的病原微生物并将其消灭。承担这一功能的是一类白细胞，如中性粒细胞和巨噬细胞。

第二种方法称为"获得性免疫"，也就是让身体记住你遇到的敌人，并制定出针对这个敌人最有效的攻击方法。下次再遇到它时，就可以利用针对性的方法有效消灭敌人。承担这一职责的是淋巴细胞。T细胞（T淋巴细胞）和B细胞（B淋巴细胞）是其中最为重要的两种。

为了避免被我们的老对手打倒，需要准确地记住敌人的眼睛和鼻子具体长什么样。敌人的"外貌特征"称为"表面抗原"，是微生物体表的物质。

获得性免疫主要有两种战术：一种是免疫细胞直接与敌人的抗原结合并攻击它们；另一种是制造抗体，抗体会与抗原结合进行攻击。抗体是完全针对敌人的抗原量身定制的武器，可以针对特定敌人的具体特征发起攻击，就像用蚊香对付蚊子，用蟑螂喷雾对付蟑螂一样。

疫苗如何发挥作用

我们早就知道，麻疹、风疹等疾病，只要得过一次就不会再患。这就是刚刚提到的获得性免疫的作用。

不过，这也意味着这场战斗要由敌人先发起进攻。所以，如果对方来势汹汹，首轮进攻可能就会要了我们的小命。即使幸存，也可能留下严重的后遗症。

好在，就算你从来没有被敌人攻击过，只要知道敌人的长相，就可以提前锻造一把专门对付它的武器。就好比如果能准确地描述出蚊子的特点，即便是从未见过蚊子的人也可以准备蚊香应对蚊子。这就是疫苗的工作原理——我们将经过特殊处理、失去毒性的细菌或病毒注入体内，让身体记住它们的特征。

在目前全球使用的针对COVID-19的疫苗中，有一款称为"mRNA疫苗"的新型疫苗。mRNA是病毒抗原的"设计图"。将"设计图"注入人体后，人体就能自行合成抗原，然后再产生针对该抗原的抗体。

疫苗就是依托于免疫系统的大杀器。

过敏的原因

将无害的物质视为敌人

免疫系统非常出色，可以攻击侵入身体的外来物质。但是，如果不加区分地攻击所有外来物质，我们也活不下去——毕竟我们一日三餐都在通过口腔摄入"异物"。

我们的身体也有抑制免疫力的机制，因此免疫系统不会对通过口腔进入消化道的"外来物质"做出反应，这一机制称为"经口免疫耐受"。

或许有人听说过，曾有油漆工自幼舔漆来预防漆疹。由于身体不会将通过口腔进入的东西视为异物，因此通过建立对漆的经口免疫耐受，可以抑制免疫系统对黏附在皮肤上的漆做出的反应。

倘若经口免疫耐受没有发挥作用，免疫系统对食物产生了反应，就会出现食物过敏现象。常见的过敏源有鸡蛋、小麦、荞麦等，免疫系统针对这些食物中的物质产生抗体，就会引发各种症状。

为什么建立经口免疫耐受的过程会失败呢? 为什么我们会将原本无害的物质视为敌人呢?

近年来发现的"经皮致敏"就是背后的原因。

众所周知，患有特应性皮炎的儿童更容易出现食物过敏。以前，人们认为这是所谓的"过敏体质"造成的。然而近年来，人们发现真正原因在于皮肤的屏障功能受损，引发经皮致敏问题。

我们的免疫系统对"从口腔进入的东西"更加宽容，而将"侵入皮肤屏障的东西"视为威胁。当周围环境中的食物成分通过皮肤进入体内，并激活对"异物"的免疫反应时，就会引发食物过敏。

食物过敏的机制至今仍有很多谜团，但随着研究的深入，真相正被逐渐揭开。

免疫功能障碍疾病

过敏是免疫系统对无害的物质反应过度的现象。如果机体误将自身组织识别为外来异物并展开攻击，这就被称为"自身免疫性疾病"。

类风湿性关节炎是关节滑膜受到攻击所引起的系统性疾病；大多数Ⅰ型糖尿病是体内产生胰岛素的细胞受到攻击和破坏而引起的；桥本氏病（桥本氏甲状腺炎）是由对甲状腺的免疫攻击引起的甲状腺功能减退；干燥综合征患者的泪腺和唾液腺遭到攻击，导致眼睛和口腔极度干燥。

还有许多其他自身免疫性疾病，它们的分类也很复杂。简单来说，自身免疫性疾病通常会引起各种各样的器官损害，而且往往会在相当长的时间内反复出现。

这些病都是由免疫系统攻击自身引起的。其中一部分统称为结缔组织病，专门处理这些疾病的科室通常被称为"结缔组织病科"、"风湿结缔组织病科"和"免疫和结缔组织病科"[1]。

还有一些因素也会导致免疫功能障碍。比如身体产生了针对入侵微生物的抗体，但体内也存在与抗原结构相似的物质。例如，链球菌（溶血性链球菌的简称）会引发咽喉感染。当发生链球菌性咽炎时，免疫系统会

---

1 在我国，处理类似疾病的科室多为"风湿免疫科"。

产生作用于链球菌抗原的特异性抗体。然而，我们的关节、心脏、皮肤、神经等部位都存在与链球菌抗原结构相似的物质。这就糟了。

咽炎后 2～3 周，这些部位会受到自身免疫系统的攻击，有时会引发严重的全身性疾病，这就是"风湿热"。虽然也叫"风湿"，但它与类风湿性关节炎完全不同，是一种多发于儿童的疾病。

类似的例子还有很多。

格林-巴利综合征是一种神经系统疾病。患者四肢的神经会出现麻痹，继而导致瘫痪，在某些情况下还会出现呼吸肌麻痹，造成呼吸困难。多数患者可以自行痊愈，但在呼吸衰竭期间需要用呼吸机维持生命。

尽管格林-巴利综合征的病因尚不明确，但大约70%的患者在发病前4周内曾出现某种形式的感染[13]。虽然在大多数情况下无法确定致病细菌或病毒，但在确诊病例中最常见的是由空肠弯曲菌引起的食物中毒。这种食物中毒是由于食用生肉或未煮熟的肉所引发的急性肠胃炎。多数患者出现呕吐、腹泻和发烧等症状。绝大多数患者会自愈，但有千分之一的概率会诱发格林-巴利综合征[14]。

机体针对空肠弯曲菌抗原产生抗体后，抗体会和末梢神经上与空肠弯曲菌抗原结构类似的物质结合。如此，免疫系统就对机体自身发起了攻击。

2019年，秘鲁暴发格林-巴利综合征疫情，患者超过200人，外务省（日本驻秘鲁大使馆）随即发出相关警示[15]。同时，该国也是寨卡病毒的流行区，因此人们推测该病毒是导致格林-巴利综合征暴发的原因。

可见，免疫系统有时也难以区分"自己"和"非己"。我们的身体本就是大自然的产物，而外界环境存在某种和我们体内某些物质相似的抗原，也不难理解。

癌症与免疫的深层关系

癌细胞也是该被免疫系统消除的"异物"。癌细胞在体内不断产生，但都会被免疫细胞消灭。然而，癌细胞有时会躲过攻击并扩散，在体内形成肿瘤并破坏器官，最终夺去我们的生命。

那么癌细胞是如何逃避免疫系统攻击的呢？

近年来，一种机制已经得到阐明：癌细胞表面的PD-L1分子与免疫细胞（T细胞）表面的PD-1结合，这阻止了T细胞对癌细胞的攻击。

2014年，针对这一问题应运而生的药物——PD-1

抑制剂Nivolumab（商品名：Opdivo）问世。它通过与PD-1结合，使免疫系统恢复其原有的攻击力。CTLA-4抑制剂（Ipilimumab，商品名：Yervoy）也具有相同的功能，并已应用于临床。这类药物统称为"免疫检查点抑制剂"。

此前，人们已经开展了多项利用免疫反应来治疗癌症的研究，但是始终也没有开发出一种有效的治疗方法。但对于一些化学疗法（抗癌药物）疗效甚微的癌症，免疫检查点抑制剂表现出了极高的疗效，轰动了世界。

手术、化学疗法和放射疗法曾被称为"三大抗癌疗法"，而免疫检查点抑制剂则被称为"第四种抗癌疗法"。发现这一机制的医生、医学家本庶佑和免疫学家詹姆斯·艾利森获得了2018年诺贝尔生理学或医学奖。

然而，免疫检查点抑制剂也会带来特殊的副作用。例如，患者可能出现甲状腺功能减退、Ⅰ型糖尿病、肌炎和间质性肺炎等类似于自身免疫性疾病的症状。也就是说，当使用免疫检查点抑制剂时，机体也会对自己发起攻击。

在学医期间，我深刻地认识到，如果一种身体机能

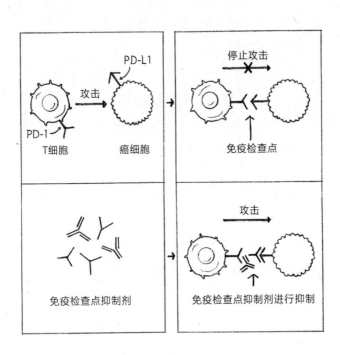

免疫检查点抑制剂的作用

得到加强，另一种机能就会出现问题。即使是疗效绝佳的药物也会有副作用。

　　"健康"是一种非常微妙的平衡状态。

癌症与基因

遗传性癌症

2013年，好莱坞女星安吉丽娜·朱莉宣布她接受了双侧乳房切除术，以预防乳腺癌。两年后，她还通过手术切除卵巢以预防卵巢癌。她当时并没有患乳腺癌或卵巢癌，但仍选择防患于未然，因为她患癌症的风险非常高。

那她为什么认为自己患癌风险较高呢？

因为基因检测显示她患有遗传性乳腺癌和卵巢癌综合征（HBOC），该疾病主要是由BRCA基因发生突变所引起，是一种容易导致细胞癌变的疾病。

BRCA基因有两种类型：BRCA1和BRCA2。在70岁的人群中，这两种基因发生突变的人患乳腺癌的概率分别为57%和40%，患卵巢癌的概率分别为40%和18%。这一概率是相当高的。此外，乳腺癌的发病年龄较一般人也更为年轻，并且其中30%的人会患上双侧乳腺癌[16]。

这种突变的基因有一定概率传给后代。因此，遗传性乳腺癌和卵巢癌综合征是"遗传性癌症"之一。

除此之外，还有其他几种"遗传性癌症"，例如家族性腺瘤性息肉病，在60岁之前100%会发展成结直肠癌[17]。此病的根源在于APC基因发生突变，而结肠黏膜细胞很容易因此发生癌变。因此，为预防结直肠癌，医生常建议患者在二十多岁时切除整个结肠。

还有林奇综合征，它是一种易发展为结肠癌、子宫癌、卵巢癌、胃癌等多种癌症的疾病。由于一组"错配修复基因"发生突变，全身多种细胞都容易癌变。

有人会误将这些"遗传性癌症"和我们通常所说的"癌症家族史"当作一回事。不过，即使家里有多名癌症患者，也不一定是因为特定基因引起的遗传性疾病。在这个癌症患者众多的时代，据说每两个人中就有一个人会患癌症，生活习惯相似的家庭成员均患上癌症的情况并不少见。

因此，常见的做法是根据家族病史筛查出高度疑似遗传性癌症的病例，再根据严格的标准进行基因检测。

癌症易感基因的存在会影响直系亲属的心理状态，以及个人的婚姻和就业等生活轨迹。建议当事人充分咨询专业的医护人员和经过认证的遗传咨询师后，再进行详细的检查。

身体的设计图与基因

我们的身体是由一个受精卵发育而成的，构成身体的所有细胞都由它分裂而来。

每个细胞都有一份塑造身体的设计图。我们的设计图由被称为DNA（脱氧核糖核酸）的化学物质所描绘，里面放着像密码一样的信息。

然而，我们看看自己的身体就会发现，每个部位的构造都如此不同，以至于我们会不禁怀疑自己最初是不是由一个细胞发育而来。眼睛、鼻子、嘴、手脚、胃、肠、肺、心脏等，每个器官的外观和功能都千差万别。

因此，很多人错误地认为构成这些器官的细胞具有各自不同的"设计图"——眼睛的细胞有眼睛的"设计图"，胃的细胞有胃的"设计图"。

事实并非如此。实际上，构成我们身体的每个细胞都具有与原始受精卵完全相同的遗传信息[1]。那么，为什么我们的器官各不相同呢? 因为每个器官的细胞参考了这份"设计图"的不同部分。

就好比有一沓厚重的设计图纸，上面规定着："大肠请参照第 3 章、第 30 章、第 300 章，不要参照其他章节。"

这里的"第 3 章""第 30 章""第 300 章"对应着各种"基因"。我们的"设计图"总共约有 22 000 章。严格来说，22 000 个章节也只占整体的一小部分，剩下的都是"前言""后记""索引"和其他辅文（就是那种没什么用的内容）。

听上去或许有些复杂，但重点在于所有细胞都拥有相同的基因，并且根据它们所处的部位而激活必要的基因，不必要的基因则不表达。基因在细胞中受到高度控制，通过打开或关闭各个基因，人体便具备了各种各样的功能。

1　红细胞和血小板中没有遗传信息，因为它们没有细胞核。此外，精子和卵子也比较特殊，它们只包含一半的遗传信息，用于传递给下一代。——作者注

遗传自父母的基因发生突变

我们所有的基因都继承自父母。遗传性癌症就是由从父母处继承的发生特定突变的基因所引起的。由于这种基因突变在受精卵时期就已存在，所以全身细胞都会出现相同的基因突变，这被称为"种系突变"。

"非遗传性癌症"在许多情况下是由癌症特异性基因突变引起的。这类癌症是由于局部基因发生突变导致的，身体其他部位的细胞并不一定发生了这种突变。这种突变被称为"体细胞突变"。

前一种基因突变是与生俱来的，后一种则是后天发生的。世界上大多数癌症都是后者，前者较少见。也就是说，遗传性癌症是一类相对罕见的疾病。

DNA密码

DNA是位于细胞核中的酸性大分子，因此它也叫作"核酸"。DNA由脱氧核糖核苷酸重复排列组成，像链条一样细长。其中，核苷酸携带的碱基可以分为四种类型：腺嘌呤（A）、鸟嘌呤（G）、胞嘧啶（C）和胸腺嘧啶（T）。这四种物质以各种顺序排列在DNA上。

　　这样解释的话，或许很多人还是不太能理解。那么请想象一列有数万节车厢的火车，它有四种类型的车厢——餐车厢、卧铺车厢、普通座位车厢和行李车厢，车厢排列的方式有很多种。火车有的部分是按刚刚的顺序排列的，还有的部分可能是五节卧铺车厢连成一排的。DNA就像一列这样的火车。

　　总之，人类DNA有60亿个"车厢"。碱基的排列顺序就是密码，通过翻译它，人体可以合成各种各样的蛋白质。我们体内的各种酶就是蛋白质，它们在身体各处支持着我们的生命活动。

　　更准确地说，DNA本身并不是密码。细胞会将DNA改写成RNA的形式，再以RNA为设计图合成蛋白质。将DNA改写成RNA的过程称为"转录"，利用RNA制造蛋白质的过程称为"翻译"。

　　这种RNA称为mRNA（信使核糖核酸）。它携带着DNA的遗传密码。

　　为什么要经历如此复杂的过程而不直接翻译DNA呢？原因尚不清楚。不过，有人提出了一种"RNA世界假说"，假设生命起源于RNA，并认为RNA与由它产生的蛋白质自古以来就有着密切的关系。我们推测，后来以DNA作为遗传物质的生物继承了这套古老的蛋白质合成系统。

　　RNA与DNA的不同之处在于，它使用的一种碱基是尿嘧啶（U），而非胸腺嘧啶。AGCU四个碱基的密文规则是：每三个字母代表一个特定氨基酸的代码。UGU和UGC是半胱氨酸，UGG是色氨酸，UAU和UAC是酪氨酸等，每相邻的三个核苷酸编成一组，被称为"密码子"。

　　氨基酸相互连接可以构成各种蛋白质[1]。换句话说，密码子序列会控制氨基酸按序排列来合成特定的蛋白质。这些蛋白质功能繁多，它们构建了人体并维持其功能。另外，为了顺利合成蛋白质，长链RNA上还需要有关翻译开始和结束的信息。事实上，这些也是由密码子决定的。起始密码子是AUG，终止密码子是UGA、UAA和UAG。起始密码子也编码甲硫氨酸（蛋氨酸）。也就是说，翻译过程就从甲硫氨酸开始。不管是植物、昆虫、人类，还是细菌和真菌等微生物，都共用这一套编码，只有少数例外。

　　那为什么每三个字母代表一个氨基酸呢？为什么不是两个或四个字母呢？

1　严格来说，多个氨基酸先合成肽链，再由数个肽链组装为蛋白质。

	U		C		A		G	
UUU	苯丙氨酸	UCU	丝氨酸	UAU	酪氨酸	UGU	半胱氨酸	U
UUC		UCC		UAC		UGC		C
UUA	亮氨酸	UCA		UAA	终止	UGA	终止	A
UUG		UCG		UAG		UGG	色氨酸	G
CUU	亮氨酸	CCU	脯氨酸	CAU	组氨酸	CGU	精氨酸	U
CUC		CCC		CAC		CGC		C
CUA		CCA		CAA	谷氨酰胺	CGA		A
CUG		CCG		CAG		CGG		G
AUU	异亮氨酸	ACU	苏氨酸	AAU	天冬酰胺	AGU	丝氨酸	U
AUC		ACC		AAC		AGC		C
AUA		ACA		AAA	赖氨酸	AGA	精氨酸	A
AUG甲硫氨酸起始		ACG		AAG		AGG		G
GUU	缬氨酸	GCU	丙氨酸	GAU	天冬氨酸	GGU	甘氨酸	U
GUC		GCC		GAC		GGC		C
GUA		GCA		GAA	谷氨酸	GGA		A
GUG		GCG		GAG		GGG		G

氨基酸的代码（密码子）

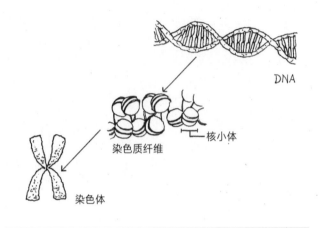

DNA折叠

实际上，这个问题有一个非常合理的答案。生物体常用的氨基酸约为20种，而碱基有4种。如果每两个字母代表一个氨基酸，则只能创建$4×4＝16$种代码，不能涵盖所有氨基酸。如果用四个字母，则可以创建256种代码，远远超过需求。只有使用三个字母，才能创建$4×4×4＝64$种代码，恰到好处。

长链状的DNA并不是直接漂浮在细胞核中。两条长链首先形成一个双螺旋结构，它们围绕一个共同的组蛋白中心轴盘绕，形成核小体，它是染色质基本结构单位。核小体结合在一起，形成直径约30纳米的线状物质，称为染色质纤维。染色质纤维通过折叠形成染色体，并储存在细胞核中。

只看文字可能很难理解，但看图解就一目了然了。按照DNA→核小体→染色质纤维→染色体的顺序，细细的长链编织起来，逐渐加粗。

人类细胞有46条染色体，每条染色体上都携带着大量的基因。46条染色体中，有23条遗传自父亲，其余23条遗传自母亲，这些染色体都是成对存在的，其中有一半又会遗传给下一代。从生物学角度看，男女的差异在于第23号染色体——性染色体：男性有一条X染色体和一条Y染色体，女性有两条X染色体。孩子会从父亲处继承"XY"染色体中的一条，从母亲处继承"XX"染色体中的一条，孩子要么是"XY"，要么是"XX"。通过这个简单的推理我们就能知道，生男孩和生女孩的概率是相同的。

顺便说一句，有些人会多出一条染色体，也就是一共有47条染色体，这类疾病被称为"三体综合征"。最常见的是多出一条21号染色体，这被称为21-三体综合征（唐氏综合征）。其他的还有13-三体综合征（帕套综合征）和18-三体综合征（爱德华兹综合征）。这些都属于

男性

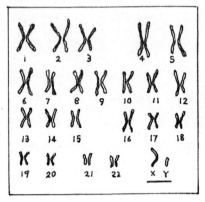

女性

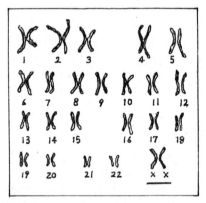

人类拥有46条染色体

先天性疾病，发病原因在于父母一方的一对染色体没有完全分成两半，最后传给后代24条染色体。

除了多出一条染色体，其他23条染色体也可能出现"染色体异常"，但并非所有异常都会导致疾病。因为大多数染色体异常的胎儿都会流产或死亡，无法顺利出生，连定义为"疾病"的机会都没有。

据报道，有70%～80%的妊娠以流产告终却没有引起人们注意，流产的主要原因就是染色体异常[18]。可以说，婴儿的降生本身就是奇迹。

发现"基因"的伟人们

自古以来，人们就知道孩子和父母的外貌极其相似。

过去，人们认为父亲和母亲的特征结合在一起，就形成了后代的特征。打个比方，就像将蓝色和红色颜料混合在一起会得到紫色一样，人们认

孟德尔

为孩子是父母特征均匀混合的结果。

1866年，奥地利修道士格雷戈尔·孟德尔用修道院花园种植的近30 000株豌豆进行杂交实验，揭示了遗传学的真相。这是世界上首次发现生物遗传的基本规律。

孟德尔发现，后代并没有混合继承每个亲本的特征，如种子形状、花色和高度。亲代传递给子代的特征就像某种"颗粒"一样，具有确定的遗传单位，遗传单位本身不会改变。这些"颗粒"的组合决定了豌豆的特性，并呈现出统计学规律。这是一个非常重要的发现，后来被称为"孟德尔定律"。

然而，这个理论当时根本不被接受，反而遭人鄙夷。1884年，孟德尔去世，他的成就并未得到认可。孟德尔深信不疑的"颗粒"，后来被称为"基因"。

1900年，荷兰的雨果·德弗里斯、德国的卡尔·埃里希·科伦斯和奥地利的埃里希·冯·切马克三位植物学家独立发表了与遗传有关的重要定律。然而人们发现，孟德尔早在近半个世纪前就已经发现并报道了这一规律。于是，埋藏在历史尘埃下的孟德尔定律重见天日。

那么，"基因"究竟是以什么形式存在于人体中的呢？

谜底在1915年被揭开。此时人们发现了染色体，并明确其为携带遗传信息的物质。托马斯·亨特·摩尔根通过果蝇实验证明了这一点，并于1933年获得了诺贝尔生理学或医学奖。

沃森

20世纪20年代，人们又发现染色体是由蛋白质和DNA组成的。然而在那个时候，DNA的结构仍然是个谜。

1953年，剑桥大学的科学家詹姆斯·沃森和弗朗西斯·克里克参考物理学家莫里斯·威尔金斯和化学家

克里克

罗莎琳德·富兰克林拍摄的X射线照片，确定DNA具有双螺旋结构。1961年，美国国立卫生研究院（NIH）的一个研究小组首次发现并确认苯丙氨酸的密码子是"UUU"。自此，人们逐渐解开了密码子和氨

威尔金斯

基酸之间的对应关系。在那之后，人类才算破译了生命的密码。

1962年，沃森、克里克和威尔金斯因在分析DNA结构方面的成就而获得了诺贝尔生理学或医学奖。1968年，马歇尔·沃伦·尼伦伯格、罗伯特·W. 霍利和哈尔·戈宾德·科拉纳因在破译遗传密码和蛋白质合成机制方面的成就而获得诺贝尔生理学或医学奖。值得一提的是，这一系列发现都是在进入20世纪后的短短几十年内发生的。

至此，"孩子长得像父母"这一现象可以用物理和化学的方式来解释了。其中发挥作用的并不是神乎其神的超自然力量，而是精妙而严谨的科学。

微观世界看"进化"

独具慧眼的达尔文

长颈鹿的脖子为什么那么长?

曾经我们认为，长颈鹿要伸长脖子才能吃到高处的树叶，于是脖子越伸越长，慢慢就进化成了现在的样子。然而，这种"用进废退"学说已被推翻。

道理很简单：哪怕你通过高强度的力量训练练就一身肌肉，你的孩子也不可能从出生时就身形彪悍；就算你接受整容手术

达尔文

垫高鼻梁，你的孩子也无法继承你的"新"鼻子。原则上说，只有DNA中的遗传信息才会传递给后代[1]。不过，这一答案也是在遗传学取得长足进步的20世纪后才得出的。

1859年，英国地质学家查尔斯·达尔文率先提出自然选择学说。由于生存竞争，最适应环境的物种得以生存，不能适应的物种则被淘汰。

也就是说，长颈鹿的脖子不是为了"某种目的"而变长的。某些长颈鹿的脖子偶然地长得比其他同类的稍长一些，它们具备生存优势，因此存活下来的概率更高。脖子越长，与其他动物争夺低处叶子的压力就越小。随着时间的推移，颈部较长的长颈鹿的基因被保存下来，而颈部较短的基因被淘汰。更能适应环境的特征被自然选择了出来[2]。

当下的我们如何看待达尔文独到的慧眼呢？鉴于人类平均只能活80年左右，我们很难明确地设想一个漫长

---

1 近年的研究表明，基因表达会受到环境因素的影响并遗传给下一代，这被称为"表观遗传学"。由此可见，人在出生后形成的特征并不是完全不可能遗传给后代。——作者注

2 虽然人们在解释自然选择学说时常用"长颈鹿的脖子"来举例，但这只是为了便于理解。目前尚不清楚是否真的是一个特定的基因导致了这种现象。——作者注

的进化过程。有些动物得经过数年才能产下下一代,我们也不可能从中感受到"进化"。

不过,在我们体内有些值得观察的生物,它们几分钟就能产生下一代,例如细菌。

大肠杆菌的数量在大约20分钟内就可翻倍,在两小时内翻64倍。如果它继续以这种速度繁殖,一天之内就能激增到惊人的22位数。虽然抗生素的过度使用导致了多种耐药菌的产生,但细菌进化的"目的"并不是让自己从抗生素里逃过一劫。那些通过偶然的基因突变获得耐药性的细菌也是自然选择的结果。

癌症也是。抗癌药物可以暂时遏制癌症,但是只有极少数癌症能完全消失。有时抗癌药的效果会逐渐减弱,癌症再次恶化。此时患者体内到底发生了什么呢?

如果从遗传角度来看,会发现一些惊人的事实——一些癌细胞获得了逃避特定抗癌药物的能力后,会取代之前没有药物抗性的癌细胞。自然选择让偶然产生的耐药癌细胞逐渐占了上风。此外,它们的耐药机制非常复杂,狡猾程度也让人们脊背发凉。

我们可以揭示耐药机制并开发针对它的抗癌药物,可是癌细胞还会重新出现耐药性,卷土重来。近年来,癌症治疗取得了很大的进展,抗癌药物的阵容不断扩大，但在这之前，人们也经历了一段徒劳无功的抗争史。

如果我们窥探微观世界，就可以清楚地看到"自然选择"引发的种种变化。这些急速繁殖的生物能在很短的时间内呈现进化的整个过程。

当生病变得"有利"时

有一种叫作"镰状细胞病"的遗传病，它是由基因突变导致红细胞由正常的圆盘状变成镰刀状的疾病。

血红蛋白是红细胞内的重要成分，它由两种细长的蛋白链——α链和β链互相缠绕而成。

在镰状细胞病中，构成β链的146个氨基酸中第6位氨基酸的密码子[1]从"GAG"变为"GTG"（基因突变），因此谷氨酸被缬氨酸取代（该基因位于第11号染色体）。我们前面说过，密码子会影响氨基酸的排列。谷氨酸和缬氨酸都是食物中含量丰富的营养物质，但它们的性质和结构却完全不同。因此，即使只有一种氨基酸发生变化，血红蛋白也会出现异常，继而造成红

1　此处的"密码子"指代的是DNA编码链的碱基序列。因该链上的碱基序列与mRNA上的碱基序列基本相同（仅有U和T两种碱基的差别），习惯上也常将其称为"密码子"。

细胞变形。

镰刀状的红细胞很脆弱，有时会导致严重的贫血。它还会阻塞毛细血管并引发梗塞，使器官出现各种问题。由于孩子从父母处分别继承一组基因，因此如果一组基因正常，只有另一组有问题（这种情况称为"杂合子"），那么孩子不太可能患上此种疾病。如果两组基因都是突变基因（这种情况称为"纯合子"），则无法产生正常的血红蛋白，并造成严重的后果。

奇怪的是，携带这种突变基因的人有明显的地理分布差异。很少有日本人携带此类基因，但在非洲人中却相当常见——大约30%的非洲黑人携带这种突变基因[18]。为什么这一不利于生存的突变基因在非洲会如此常见呢？

原因正是疟疾的流行。疟疾是由按蚊传播的疟原虫引起的传染病。疟原虫感染人类后，会寄生在红细胞中，引起高烧和腹泻。其中恶性疟疾更为严重，会侵袭大脑和肾脏，不及时治疗会导致死亡。

但镰状细胞病患者的红细胞出现异常，变得非常脆弱，当疟原虫入侵时，红细胞会被破坏，这样一来，疟原虫也就无法正常增殖。所以，患上镰状细胞病后反倒降低了感染疟疾的风险，这在疟疾肆虐的地区更有利于"健康"。

在疟疾流行地区，携带突变基因的人更具生存优势，那么这种突变基因出现的频率就更高。这是环境对基因进行自然选择的完美案例。

第 **3** 章

医学史上的大发现

所有的细胞都来源于先前存在的细胞。

——鲁道夫·魏尔肖（医生、病理学家）

医学之始

阿斯克勒庇俄斯之杖

　　你见过世界卫生组织（WHO）的标志吗？它是由一根被蛇盘绕的手杖和联合国标志组合而成。这根手杖被称为"阿斯克勒庇俄斯之杖"，自古以来，它都是医学的标志。

　　阿斯克勒庇俄斯是希腊神话中的名医。在公元前5世纪左右的古希腊，其神殿阿斯克勒庇安是治疗病人的场所。现代医学发源于古希腊，而当时最著名的医生就是希波克拉底，他至今仍被尊为"医学之父"。

　　希波克拉底及其弟子所著的《希波克拉底文集》是一部包含70多篇文献的医学著作。其中还有阐述医生心得、保密义务及伦理观的"希波克拉底誓言"。每一位医生都在学生时代的教科书上看到过"希波克拉底誓言",它也是国家考试中的必考知识点。两千多年前的内容,沿用至今。

当然,希波克拉底的伟大贡献不止于此。在那个时代,很多人将疾病视为神灵附体,要用"魔术"进行治疗。但希波克拉底则强调观察患者的重要性。他详细地记录了患者的脉搏、呼吸、皮肤的光泽、尿液、粪便等诸多信息,整理成病例集。

世界卫生组织标志

当时的治疗方法主要是从饮食、沐浴、运动等生活习惯上进行改善，并配合草药的使用。后来的医生们就是参照这些记录来治病的。可以说，希波克拉底建立了世界上最古老的医疗数据库。

希波克拉底认为，疾病的根源在于四种"体液"的平衡被破坏。这四种"体液"分别是血液、黄胆汁、黑胆汁和黏液。他认为人的身体是由这些体液组成的，每种体液都承担着独特的功能。现在，医学界早已不再用黄胆汁和黑胆汁这些词语了，它们都是虚构的理论。但"四体液学说"在提出后的近两千年里一直被视为真理。

例如，抑郁症在过去被称为"melan cholia"，这个词是希腊语"黑（melas）"和"胆汁（khole）"的变形组合。也许当时的人们认为抑郁症是黑胆汁引起的疾病吧。另外，"风湿病（rheumatism）"这个词来源于希腊语的"流动（rheuma）"，指的是因体液流动停滞而引起关节肿胀。

19世纪前盛行的放

希波克拉底

血疗法也是基于四体液学说的产物。该疗法认为通过将多余的血液排出体外，改善体液平衡，所有的疾病都会好转。

放血疗法在相当长的时间里都广受欢迎。医生用刀切开静脉，让病人流血，或让水蛭等吸血的动物咬在患者身上——这样的疗法一度随处可见。即使到了19世纪，医生们也仍会用罐子装些水蛭，以便给患者吸血。

"水蛭"的英文名"leech"还有"医生"的意思。甚至有些人干脆就把医生叫作"水蛭"，可见水蛭放血疗法有多受欢迎。

医圣盖伦

希波克拉底之后，对西方医学影响最大的人物是2世纪左右活跃在古罗马的克劳迪亚斯·盖伦。盖伦的医学思想源于希波克拉底，他搜集古文献并构建了庞大的理论，被称为中世纪的"医圣"。

在那个因宗教而禁止人体解剖的时代，盖伦只能反复用猴子、猪等动物进行解剖实验，并总结出不少知识——他通过逐次切断脊髓的各个部分，研究各神经所支配的身体区域；他观察连接肾脏和膀胱的通路（输尿

管），明确了尿液是由肾
脏产生的。此外，盖伦在
对四体液学说做出调整的
基础上，更为强调放血疗
法，并辅以草药、泻药、
手术等多种治疗手段。

盖伦

据统计，盖伦的著作
总计500万～1000万字，
其学说与基督教教义相结
合，成了不容置疑的理论。当然，盖伦的许多理论都是
建立在动物解剖实验的基础上，因此纰漏很多。但在当
时，盖伦就是权威，严禁指摘。

有人说，盖伦使医学的发展迟滞了一千年以上，原
因正在于此。

维萨里的成就

自古罗马时代起，人体解剖长期以来被明令禁止。
到了文艺复兴时期，人体解剖的限制被适度放宽。但当
时的人体解剖都是为了验证盖伦理论的正确性而展开
的。如果实验者观察到的东西不符合盖伦的观点，那一

定是实验者甚至人体本身的"错"。

16世纪，一名叫安德烈·维萨里的医生推动了解剖学的发展。他十分渴望掌握正确的解剖学知识，于是着魔般地在墓地和绞刑场等处徘徊，收集大量尸体，并亲自解剖。

维萨里将他的成果撰写成了长700多页的解剖学巨著《人体构造》，乘着印刷技术大发展的东风，这本书瞬间传遍了整个欧洲。

比起对古代权威的盲从，维萨里更重视对人体的实际观察。实事求是地看待客观现象才是科学地认识人体的前提。

血液循环往复

哈维的实验

　　血液在不断循环。就像公园里的喷泉不断喷水一样，血液在人体这个封闭空间里也在不停地循环往复，这早已是现代的常识了。

　　然而，这种一目了然的事实，直到17世纪才为人所知。

　　其实，希波克拉底也注意到了动脉和静脉这两种血管的存在。但他认为，静脉中流动着血液，动脉中流动着空气。这是因为用于解剖的遗体的静脉里充满了血液，但动脉收缩，血液被挤出，大部分都是空的。

　　古罗马的盖伦创立了一种理论，他认为一部分血液由肝脏产生，通过静脉扩散到全身，并被各个脏器消耗。而流动于动脉的血液是由心脏制造的，吸收空气中的生命精气（被称为"灵气"），然后分配到全身，给人以活力。

在之后一千多年的时间里，盖伦的理论都被认为是真理。

那个时代既没有全身麻醉，也没有超声检查和X光检查，无法观察活人体内的情况——既看不到手脚动脉与静脉中相反的血流方向，也看不到回心血被再次输出的情形。

即使用动物来做实验，也只会发现静脉出血缓慢，动脉出血快速，血流的本质差异却很难被察觉。

16世纪20年代，英国医生威廉·哈维对盖伦的理论产生怀疑，并进行了一系列实验。他在二十多年间解剖了60多种动物，对心脏和血管进行了详细的研究。

哈维对心脏单次收缩血液输出量进行推测，并将其与心跳数相乘。计算结果显示每天被输送到全身的血液多达245千克，这是人体实际重量的3倍多，人体根本无法在体内生成这么多的血液。

那么，为什么输出血量会有这么多呢？答案只有一个：血液在体内不断循环。

1628年，哈维发表了血液循环论，首次否定了盖伦的观点。

　　哈维还对血液循环的目的做出了基本正确的解释——将热量和营养物质分配到全身。但是，他始终无法解开一个谜团：动脉和静脉究竟是如何连接的。

　　如果血液在体内循环，那么从心脏出发的动脉和回到心脏的静脉之间应该有连接。但哈维尚未目睹真相就离开了人世，毕竟连接动脉和静脉的毛细血管无法用肉眼直接看到。

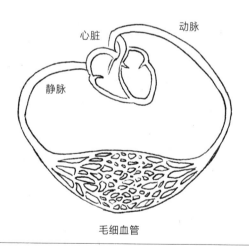

动脉和静脉通过毛细血管相连

医学界的革命

大约30年后的1661年，意大利医生马尔切罗·马尔比基利用显微镜发现了毛细血管。他注意到，动脉和静脉并不是直接相连的。身体的各个脏器中分布着肉眼看不到的毛细血管，它们输送氧气和二氧化碳，最终汇入静脉。这是显微镜发明后，人们首次得知的真相。

此后，显微镜掀起了一场巨大的医学革命。其中意义最为深远的发现是：世界上的确存在"肉眼看不见的生物"。人类最大的威胁——传染病的面纱，终于被显微镜徐徐揭开。

显微镜的发明和传染病的病原

显微镜下的世界

显微镜是在16世纪后半叶发明的，在此之前，人眼看不到的东西都是"不存在的东西"。细菌、病毒、寄生虫等生物，血液中的白细胞、红细胞，毛细血管等细小的血管，这些看不到的东西，人们完全不知道它们的存在。

英国科学家罗伯特·胡克利用自制的显微镜对昆虫和植物进行了细致的观察，并于1665年出版了《显微制图》一书。胡克称，用显微镜观察软木塞，可以看到无数小孔，就像修道僧居住的单人间。胡克将这些小孔命名为"细胞（cell）"，意为"小房间"。

这是生物学上极其重大的发现。因为后来人们发

列文虎克

觉，细胞不是单纯的"房间"，而是构成生物体的最小单位。

后来，一个意外的人物促进了生物学的大发展，他就是荷兰纺织商人安东尼·范·列文虎克。

列文虎克经常用放大镜确认布料的针脚和线。他对镜片兴趣浓厚，自制了500多个镜片，有的镜片甚至可以放大270倍。在用镜片观察水滴的时候，一个惊人的世界呈现在他眼前——充斥着无数肉眼看不到的"微型动物"的世界。

列文虎克还观察了人体。他在显微镜下看到了肉眼看不到的血细胞和精子，在口腔里也发现了那些"微型动物"（后来被称为细菌）。

这些微生物可不单纯是"体形小"，它们正是当时的头号杀手——传染病的病原。遗憾的是，这一真相迟至19世纪后半叶才为人所知。在那之前，人们都知道有些疾病会传染，可谁也不知道元凶是微生物。

18世纪之前的瘴气理论

18世纪以前，许多学者认为流行病的根源是瘴气。所谓瘴气就是"有毒的空气"。人们认为，腐烂的东西产生的有毒气体会引发各种疾病的流行。"疟疾"一名来源于意大利语的"坏空气（malaria）"，这也是受瘴气理论影响的结果。

几个世纪以前，鼠疫曾在欧洲和亚洲肆虐，致死率高达80%。医生们担心自己被感染，只能戴着造型奇怪

诊疗鼠疫的医生

的面罩给患者诊疗。面罩嘴部的位置装满了香料，他们认为这样可以保护自己免受瘴气侵袭。当然，现在我们已经明确鼠疫是由一种叫鼠疫杆菌的细菌引起的。

人们发觉微生物才是罪魁祸首的时候，已经是19世纪下半叶，而抗生素的研发更是进入20世纪以后的事情。在此之前，人们并不知道传染病的根源，更没有特效药。

对我们现代人来说，细菌和病毒会引起可怕的疾病。但是，在18世纪以前的人看来，看不见的生物进入体内并繁殖，进而引发多种疾病，这种理论实在是过于荒唐。

然而在那个时代，也有对瘴气理论持怀疑态度的医生，例如英国的约翰·斯诺。

1849年，在霍乱肆虐伦敦之际，斯诺想详细调查其流行的原因。霍乱是一种会引起剧烈腹泻和呕吐的疾病，用现在的话来说就是"急性胃肠炎"。

斯诺认为，如果霍乱是空气传播的，那么出现症状的应该是肺，但患者是消化道出了问题。因此，斯诺判断，可能是什么病原从口腔进入，从而引发消化道的异常。

大约40年后，人们才知道霍乱是通过粪便及呕吐物传播的细菌传染病。当时，斯诺离真相只有一步之遥了。可在瘴气理论正盛的时代，斯诺有关鼠疫的报告并没有得到承认。

1854年，霍乱再次暴发，斯诺在城市地图上详细地标注了感染者所在的位置。他注意到宽街（Broad Street）[1]周围感染者十分密集，相当反常。后来，他发现街道中心有水泵，附近的居民都从那里取水。很明显，水泵里的水就是"元凶"。

斯诺取下了水泵的把手。不能用水后，感染者急剧减少，霍乱疫情在3天内就结束了。后来的调查表明，是化粪池中的排泄物漏进了水井，污染了水源。

但是，关于霍乱经水传播的报告一直被忽视，所以霍乱依然不时卷土重来。下水设备迟迟得不到改善，斯诺关于公共卫生的建议也没有被采纳。医学界还是不肯放弃瘴气理论。

类似的悲剧也发生在维也纳。

揭示洗手作用的产科医生

洗手对于我们现代人而言是一种日常习惯。手被污

1　现为布劳维克大街（Broadwick Street）。

物弄脏的时候自不必说，即使没有明显的污渍，我们也要洗手。

这是为什么呢？

因为我们知道手上附着着肉眼看不见的微生物，它们可能会引起疾病。不过在18世纪以前，人们对此一无所知，也完全没有洗手的习惯。

率先提出"洗手有益"的是匈牙利产科医生伊格纳兹·塞麦尔维斯。19世纪初，在维也纳综合医院工作的塞麦尔维斯正在为产后妇女的产褥热所困扰。

产褥热是分娩时细菌进入阴道或子宫所引起的感染，但当时显然没有这种常识。

塞麦尔维斯发现，自己被分配到的第一产房的产褥热发生率远远高于第二产房，而这两个产房里的陪产人员有很大不同。第一产房陪产的是医生和医学生，第二产房陪产的是助产士。

医生和医学生经常进行尸体解剖，而助产士却不参与解剖。塞麦尔维斯认为，医生和医学生的手可能被尸体污染了，沾上了"什么东西"，导致产妇患上产褥热。塞麦尔维斯认为他们应该洗掉手上沾到的尸体的某种东西。

1847年，塞麦尔维斯要求进入分娩室的工作人员用含氯水的消毒液洗手，这大大减少了产褥热引起的死亡。不过，人们对他的研究结果褒贬不一。特别是产科领域的权威们，他们纷纷嘲笑和批评塞麦尔维斯。

因为当时盛行的依旧是瘴气理论，再加上塞麦尔维斯说的"疾病的元凶正是医生自己"，产科专家们很难接受这样的指摘。

1849年，塞麦尔维斯离开了维也纳，他后来写了一些关于产褥热病因和预防的书籍，但仍然没有得到认可。1865年他因精神疾病发作而住进精神病院，年仅47岁便与世长辞。

当时的医生穿着脏衣服给患者做手术，术后也不更换器械，继续为下一位患者进行手术，手术环境肮脏不堪。塞麦尔维斯的理论非常正确，可惜不为时代所接受。直到19世纪70年代以后，医生才开始普遍在手术前进行消毒准备，塞麦尔维斯的贡献也得到了认可。

显微镜让人们得以窥见肉眼看不到的微观世界，也正是这个微观世界的原住民引发了疾病。人类花了相当长的时间才认识到这一点。遗憾的是，那些率先发现真相的天才没能活到被承认的那一天。其间，死于感染的悲剧仍日复一日。

所有的细胞都来自细胞

病理学家的慧眼

　　世界上所有的动物和植物都是"细胞集团"。我们的身体也是由细胞构筑而成的。据说，人体有37万亿个细胞。

　　细胞是构成生物的基本单位——"细胞学说"在19世纪被首次提出。19世纪30年代，马蒂亚斯·雅各布·施莱登和特奥多尔·施旺分别对植物细胞和动物细胞进行了实验。实验结果显示，细胞会增殖，聚集在一起形成各种各样的组织，进而构成我们的身体。这一结论给当时的学界带来了巨大的冲击。

　　如果细胞是人体的组成单位，那么当身体出现疾病时，细胞会不会出现变化呢？病理学家鲁道夫·路德维希·卡尔·魏尔肖以敏锐的洞察力证明了这一点。对于现代临床医学来说，用显微镜观察细胞来诊断疾病是很平常的事。在医院里负责这项工作的医生被称为病理医生。

如果你的胃里长了肿瘤，内科医生会用胃镜取出一部分，再交给病理医生用显微镜观察，来判断是不是胃癌；外科医生摘除某种病变组织后，也会把它切成薄片，交给病理医生通过显微镜查出病因。

这些在现代医院里再平常不过的事情，对过去的科学家来说，却是无法想象的。可见，魏尔肖从"细胞的病态变化"的角度来阐述疾病机制的想法有多新颖。

当时有一种被称为"血液化脓症"的怪病，患者一旦发病，会很快死亡。而这种病的病因就是通过显微镜诊断出来的——患者血液中出现了异常增殖的白细胞。

身上没有脓包，也找不到"化脓"的原因，只是白细胞在不断异常增殖，这种病应该怎么称呼

魏尔肖

呢？魏尔肖以希腊语"leukos（白）"为基础，将该病命名为"leukemia（白血病）"。病名虽然极其简单，却准确地反映了疾病的实际情况，因此被沿用至今。

此外，魏尔肖的名言"Omnis cellula e cellula（所有的细胞都来源于先前存在的细胞）"，对后世的生物学及医学发展影响深远。

根深蒂固的自然发生说

如果把吃剩的面包放在厨房里，用不了一周就会发霉。这些叫霉菌的生物，乍一看似乎是凭空产生的，其实不然。事实上，一开始就有看不见的菌附着在面包表面，或者被风吹到面包表面，它们随后快速增殖，就变成了我们看到的样子。

无论是尸体上长出的蛆虫，还是被子上出现的跳蚤，估计没人会觉得它们是凭空产生的，必定来源于其他什么地方。

但是，在科学史上，这样的认知是非常"新颖"的——因为直到18～19世纪，人们都相信"自然发生说"，即生物会凭空产生。

特别是在17世纪，列文虎克确认了微生物的存在之后，要否定生物的自然发生说变得更加困难。因为肉眼观察不到，就无法捕捉到它出现的瞬间。总之，这种自然发生说根深蒂固。18世纪60年代，意大利动物学家拉扎罗·斯帕兰扎尼对自然发生说产生了怀疑，并进行了一项实验。

他将肉汤放入玻璃瓶中煮沸，确保瓶中暂时不存在任何微生物，然后将其密封起来，一段时间以后与暴露在空气中的肉汤进行比较。结果发现，暴露在空气中的肉汤中出现了大量微生物，腐烂变质，而密封的肉汤没有任何变化。这表明，生物并不是自然产生的，而是从外部进入的。

但是这一结论遭到了自然发生说的学者们的强烈反对。他们主张生命的诞生需要与空气接触。他们认为，密封的瓶子内部和空气隔绝，生命的自然发生受到了阻碍。

为了否定自然发生说，有必要证明"即使有空气，生物也不会凭空产生"。法国化学家路易斯·巴斯德破解了这一难题。

1859年，巴斯德用像天鹅一样长着"长脖子"的特殊烧瓶进行了实验。烧瓶的"长脖子"保证空气可以从外界进入，而微生物会被困在瓶颈处，无法深入内部。

巴斯德

巴斯德将放入该烧瓶的肉汤煮沸，确保其不含任何微生物，然后长时间静置。最终，肉汤没有发生腐败。尽管空气可以顺利流通，但微生物并没有凭空产生。

实际上，早在5年前，即1854年，巴斯德就做过类似的研究。当时，一个严重的问题困扰着法国至关重要的葡萄酒产业——一部分葡萄酒会因不明原因变质，味道变差，酒厂损失惨重。

当时人们还不知道腐败和发酵都是微生物在起作用。尽管人们早就知道啤酒和葡萄酒都是通过发酵酿成的，但一般认为这是自然发生的某种化学反应。

为了查明变质的原因，酿酒商求助于巴斯德。巴斯德证明，酵母会将糖转化为酒精，而混入杂菌后，则会产生其他酸性物质，破坏酒的味道。前者是"发酵"，后者则是"腐败"，它们都是微生物生命活动的结果，只是人类根据自己的需求为它们赋予了不同的名称。后来，巴斯德发明了一种消毒方法，以既不

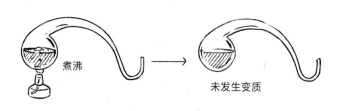

煮沸

未发生变质

巴斯德的实验

破坏风味又能防止腐败的温度对饮品进行加热杀菌。如今，这种方法便以他的名字命名——pasteurization（巴氏灭菌法）。

推广消毒的外科医生

李施德林的由来

李施德林，一个广为人知的漱口水品牌。其实这是个拥有140多年历史的老品牌，它最早是作为手术消毒液问世的。

"李施德林"一名源自英国外科医生约瑟夫·李斯特的名字。李斯特是近代著名外科医生之一，他将手术消毒技术推广到全世界，使手术的安全性得到了跨越式的提升。

在李斯特行医的19世纪50年代，许多患者死于术后感染。因为当时没有消毒的概念，外科医生穿着肮脏的白大褂，手术器械也被反复使用。术后的伤口自然会频繁化脓，散发恶臭，引发全身严重感染。

为了解决这一问题，李斯特决定将之前用作防腐剂和下水道防臭剂的石炭酸（苯酚）作为消毒液使用。给李斯特带来这一灵感的正是巴斯德的报告。

李斯特

19世纪50年代，巴斯德发现腐败和发酵是由微生物引起的。李斯特看到后，认为术后伤口也发生了腐败现象。

1865年8月，李斯特接收了一位因开放性骨折被送到医院的少年。这样的外伤凶险异常，即使放在现在来看，也是一种可能发生严重感染的危险外伤。

在那个没有抗生素的年代，拯救开放性骨折患者的方法几乎只有截肢。但是李斯特相信消毒的效果，选择用浸泡了石炭酸的布包裹伤口，并频繁消毒。6周后，少年奇迹般地康复，可以重新下地行走。

之后，李斯特进一步改良了外科手术消毒法，将其系统化，并于1867年在医学杂志《柳叶刀》上发表了标题为*ON THE ANTISEPTIC PRINCIPLE IN THE PRACTICE OF SURGERY*（关于手术中使用消毒剂的原理）的报告。

得益于该方法的推广，术后感染大幅减少。李斯特也因此于1897年成为第一位被授予男爵称号的外科医生。

如今，外科医生在手术前会仔细洗手，再用酒精等消毒，穿上灭菌的长袍，使用灭菌的器具进行手术。当然，手术器具只能使用一次。非一次性器具则要根据情况，用"高压灭菌"的方法严格杀菌。在切开皮肤之前，要用酒精对患者皮肤充分消毒，术后需用纱布覆盖伤口。

之所以有这样严格的要求，是因为人们知道了术后伤口化脓是细菌造成的，只有杀死细菌才能预防感染。在不了解真相的时代，也就是在大众认为感染是由瘴气这种看不见摸不着的东西造成的时候，根本没有人想到消毒。

从预防感染的角度来说，19世纪40年代塞麦尔维斯建议医生手术前消毒双手是极其合理的。但是，这一建议并没有得到推广，塞麦尔维斯的名字也没有广为人知。毕竟在巴斯德公布微生物的作用之前，人们很难理解消毒的价值。

不过，20多年后，李斯特却凭借消毒法一举成名。而塞麦尔维斯早在李斯特之前就为人们敲响了警钟，可他却籍籍无名。

微生物学巨擘

在过去，疾病的根源被认为是体液紊乱，或是有毒的瘴气等看不见的东西。即使到了17世纪，人们知道了肉眼看不见的微生物的存在，但很长一段时间里，都不知道它们会进入人体，引发疾病。

揭开这一真相的是德国的罗伯特·科赫。科赫是位勤奋上进、一丝不苟的医生。在工作的间隙，他用妻子送的显微镜潜心研究。他观察患者的组织，不断发现各种独特的细菌。

但是，即使发现生病的脏器中存在细菌，也无法判断它究竟是"原因"还是"结果"。于是科赫发明了"细菌纯培养法"，即培养一种细菌，让其繁殖并感染动物，确认是否会引发疾病。

科赫

科赫发明了固体培养基。培养基是富含细菌生长所需营养的人工土壤。在固体培养基上，单一的细菌在同一个地方生长并繁殖，逐渐形成一个集团（菌落），就像面包表面的菌块一样。

此前，细菌培养的最大问题是杂菌的混入。如果在液体中进行培养，就很难分辨是否有其他细菌混入，并且很难单独去除杂菌。但在固体培养基上，若有杂菌混入，会形成不同类型的菌落，很容易区分。

装固体培养基的容器由科赫的助手朱利斯·佩特里发明，故培养皿又叫"佩特里皿"。培养皿和固体培养基如今依旧是细菌培养的重要工具。

科赫培养细菌，再用细菌感染动物，发现特定的细菌会引发特定的疾病。就这样，他首次证明了"一种特定的微生物是特定疾病的病原"。

北里柴三郎

19世纪后半叶，科赫接连发现了导致炭疽、结核和霍乱的细菌。另外，科赫的弟子北里柴三郎用同样的手段发现了白喉、破伤风、鼠疫的致病菌。北里后来被称为"日本细菌学之父"，创办了北里研究所，成为庆应义塾

大学医学部的首任部长，创建了日本医生会（旧大日本
医生会）。现位于北里大学白金校区内的科赫·北里神
社，供奉的正是这对细菌学巨擘师徒。

1905 年，科赫因其理论贡献获诺贝尔生理学或医学
奖。后来，这一理论被称为"科赫法则"，广为流传。

根据科赫法则，要将某种微生物定义为致病源，必
须具备以下条件：1. 在所有生病的个体中都能发现特定
的微生物，而在健康的个体中则无法检出；2. 该微生物
可以进行纯培养；3. 培养出的微生物感染健康的个体，
会引起同样的疾病；4. 从被感染的个体上再次获得的微
生物与原来的微生物相同。

这一法则促成了医学史上的重大变革。尽管科赫证
明的是"各种细菌及其引起的疾病的对应关系"，但更
重大的意义在于——如果能杀死致病菌，那就可以从根
本上治愈由其引起的疾病。

与长期以来的饮食、睡眠、祈祷、药草等疗法不
同，现在我们可以从疾病的根源入手对症下药，根治疾
病了。

魔法子弹

科赫为了观察细菌，用各种染料对组织进行染色。如果存在只针对特定细菌的染料的话，会更容易确认细菌的存在。在科赫之前，有许多细菌学家就是这么做的，并摸索出了更好的染色方法。

现代临床诊疗传染病时，也会使用色素染色法对细菌加以辨别，这是判断病原体的关键步骤。细菌染色是各医院细菌检查室每天都要进行的重要工作之一。

当然，不光是细菌检查，在用显微镜进行病理诊断时，也要用到各种各样的染料。比如，医生会对切除的癌组织进行染色来确认细胞的变化，对特定物质染色来确定病因等。可以说染色是病理诊断中的基本方法。

19世纪中叶，新型化学染料层出不穷。在此背景下，殖民地的棉花生产带动了西欧各国纺织产业的蓬勃发展。纺织染料的开发如火如荼，包括耐水洗的各式化学染料被不断发明出来。

德国医生保罗·埃尔利希从小就对染料有着浓厚的兴趣。学生时代，他沉迷于病理学实习，给各种组织染色，并放在显微镜下观察，废寝忘食。后来，埃尔利希投入科赫门下，发明了很多能够辨别细菌的染料，极大地推动了细菌学的发展。

埃尔利希

而且，埃尔利希还提出了独到的观点——既然可以用化学物质为特定的细菌染色，那么是否存在杀死特定细菌的化学物质呢？

用化学物质治病在当时是一个新概念，埃尔利希将其命名为"化学疗法"[1]。而那种针对特定病原菌的药物被称为"Magic Bullet（魔法子弹）"。

1910 年，在对数百种化学物质进行反复实验后，埃尔利希与来德国留学的日本细菌学家秦佐八郎一道发现了"魔法子弹"。它能杀死性病之一——梅毒的病原体。这是两人实验的第 606 个化合物，编号"六〇六"，商品名为"洒尔佛散（Salvarsan）"，取自"救济（salvation）"一词。洒尔佛散是世界上最早实用化的抗菌药。

1　现在，"化学疗法"一般指癌症的治疗方法（抗癌剂治疗），治疗细菌感染的药物一般统称为"抗菌药"。——作者注

在洒尔佛散出现后，人们才有了"根治疾病的药物"这一概念，因此洒尔佛散在医学史上具有里程碑式的意义。此外，埃尔利希还有许多其他的贡献，他于1908年获诺贝尔生理学或医学奖。

然而，传染病的治疗仍是一道难题。开发针对梅毒以外的传染病的药物依然困难重重。

在埃尔利希发明化学疗法的十多年后，真正改变传染病史的"子弹"以意想不到的形式现身了。

小契机，大发现

战场上的感染

　　20世纪初，战场上众多士兵死于伤口感染。伤口感染是由皮肤表面的葡萄球菌、链球菌等细菌导致的。即使埃尔利希发明了"魔法子弹"，但当时针对这些普通细菌的"子弹"仍未现身。细菌从伤口侵入，引发全身严重感染，而人类对此束手无策。

　　改变医学史的契机完全源于一次偶然。

　　20世纪20年代，在伦敦圣玛丽医院工作的亚历山大·弗莱明正在研究一种致病菌——葡萄球菌。

　　1928年9月3日，弗莱明休假归来，发现一个培养细菌的培养基发霉了。奇怪的是，葡萄球菌在这种霉菌周围无法正常生长。这种霉菌是一种青霉，它产生的某种物质似

弗莱明

乎妨碍了细菌的增殖。

根据青霉的学名 *Penicillium*，弗莱明将霉菌分泌的黄色液体命名为"Penicillin（青霉素）"。但是，青霉素很难提取，无法稳定地提纯。弗莱明认为它很难作为药物开发，所以只将其写进论文，转而进行其他的研究。弗莱明自己也没意识到，这将是改变历史的重大发现。

几年后，牛津大学的霍华德·弗洛里和厄恩斯特·鲍里斯·钱恩在寻找杀菌药时发现了弗莱明的论文，并从中洞见青霉素作为药物的可能性。提纯青霉素着实困难，但它的效力却相当强。1940年，二人用感染了链球菌的小鼠进行了实验——如果什么都不做，小鼠一夜之间就会死亡，而注射了青霉素的小鼠却得以幸存。

1941年，二人在人类身上进行了首次青霉素试验，效果卓著。但当时的技术水平根本不足以支持青霉素的规模化量产——提炼2克青霉素，需要1吨青霉菌分泌的液体。

第二次世界大战大幅推动了青霉素的研究。在这场

日本、德国、意大利等轴
心国与英国、美国、苏联
等同盟国的大战中，大量
士兵死于伤口感染。受伤
的士兵们被迫截肢，所有
国家都迫切需要一种能遏
制感染的药物。弗洛里前
往美国，组建了以政府机
构为核心的研究团队。为

弗洛里

了拯救盟军士兵，众多制药公司都参与到量产青霉素的
技术竞争中。

支援诺曼底登陆

　　青霉的生产和青霉素的提取方法被不断改良。在战
争对青霉素的巨大需求的推动下，青霉素的量产终于实
现了。

　　1944年6月6日，规模庞大的盟军在诺曼底海岸登
陆，向德军发起进攻。这是世界上最大规模的登陆作
战。当天，盟军最强大的武器之一，就是足够治疗全体
士兵的青霉素。

钱恩

当时，战场上九成的青霉素都是美国辉瑞制药公司的产品[1]，该公司率先完成了稳定量产的生产工序。最终，盟军士兵的感染死亡率大幅下降。

1945年，弗莱明、弗洛里、钱恩三人获得诺贝尔生理学或医学奖。青霉素作为细菌感染的特效药，如今仍被广泛使用。值得一提的是，钱恩是犹太人，母亲和兄弟姐妹都在德国的纳粹集中营中丧生。而正是钱恩的研究对推翻纳粹起到了关键性作用，真可谓"天道轮回，善恶有报"。

青霉素对我们而言是"神药"，但对于青霉来说，不过是为了保护自己不受细菌侵害而分泌的物质。后来，这类药物被命名为"抗生素（antibiotics）"，意思就是"对抗微生物"。

青霉素的发现是医学史上极为重要的转折点，因为人们自然而然地联想到"自然界中应该还存在其他的抗生素"。这样的期待激励人们不断探寻，治疗传染病的药物被接连发现。

　　研究土壤生物的美国微生物学家塞尔曼·瓦克斯曼发现了放线菌这种细菌制造的抗生素——链霉素，并因此获得了1952年的诺贝尔生理学或医学奖。链霉素的发现也是医学史上极其重要的成就，因为它对当时致命的病原

瓦克斯曼

菌——结核菌有显著效果。直到今天，链霉素仍是治疗结核病的药物。

　　随着抗生素的出现，死于传染病的人数大幅下降，人类平均寿命快速增长，给人类历史带来了巨大的改变。在许多国家，传染病这一长期以来的首要死因逐渐被其他疾病所取代。

　　不过，抗生素这一"神药"的滥用促使耐药菌不断涌现。为了消灭这些耐药菌需要再开发新的抗生素，随后新的耐药菌再次出现——这种剧情反复上演。

　　现在，任何抗生素都无可奈何的"多重耐药菌"已经成为世界性的难题。不知不觉间，我们很可能会重返对传染病束手无策的晦暗岁月。

显微镜也看不到的病原体

细菌和病毒大不同

随着显微镜的发明，人们确认了肉眼看不到的微生物的存在。自19世纪科赫发现致病菌以来，瘴气理论几乎销声匿迹。所谓传染病，就是来自体外的微生物在体内增殖而引起的疾病，早已尽人皆知。

但是，后来又发现了用显微镜也看不见的微生物——病毒。

尽管大众经常将细菌和病毒混为一谈，但它们是两类完全不同的微生物。首先，它们的大小完全不同——病毒非常小，只有细菌的1/100，所以普通的光学显微镜根本观察不到。人类首次观测到病毒，是在电子显微镜在德国问世之后。那时距离列文虎克发现"微小动物"

已经过去了两百多年。

微观环境常被称为"微米世界"。微米,即毫米的1/1000。细菌的大小大多在这个尺度。

而病毒的尺寸只能用"纳米"来表示——纳米是微米的1/1000。

其次,细菌和病毒的区别不仅在于大小,在"能否自食其力"方面也有差异。只要环境适宜,细菌就能通过细胞分裂自行增殖,没有必要为了生存而寄生在其他生物身上。但病毒不行,它的结构很简单,只由核酸和包裹其外的蛋白质构成,不具备自我复制的能力。因此很多人认为病毒不是生物,不过我们一般还是将其纳入微生物学的研究领域。

病毒的繁殖方式

那么,病毒究竟是如何繁殖的呢?

实际上,病毒是将自己的DNA或RNA输送到其他生物的细胞中,通过侵占其复制系统而繁殖的。DNA和RNA是生物的设计图,而病毒可以将自己的设计图送入细胞,让细胞转而制造病毒。

站在被感染的细胞的角度来看,这就好比在制作塑

斯坦利

料模型的过程中，设计图在不知不觉间被调了包，在操作者本人都没有意识到的情况下，批量生产出了完全不同的模型。

受到病毒感染的细胞会大量生产病毒，不断增多的病毒会破坏细胞扩散出去，然后再感染其他细胞，不断重复这个循环。

对人类来说，无论是细菌还是病毒都是肉眼看不到的，所以统称为"微生物"。但是对细菌来说，病毒也在威胁自己的生命。因为病毒可以侵入细菌，将其杀死。

抗菌药（抗生素）对病毒毫无效果，因为抗菌药只针对细菌起作用。

人们首次发现这种比细菌更小的微生物，是在1890年。

当时，俄国生物学家迪米特里·伊凡诺夫斯基正在研究让烟叶长出马赛克状斑点的植物疾病。他认为那好像是什么传染病，但致病原因并不明确。

令人惊讶的是，即使磨碎烟叶，滤除细菌，感染性依然存在。这个实验结果表明，可能存在比细菌小得多的感染源。

45年后的1935年，美国病毒学家温德尔·梅雷迪思·斯坦利首次证实了烟草花叶病毒的存在。因为这一前所未有的发现，斯坦利于1946年获得了诺贝尔化学奖。

传染病和疫苗

随后，能引起人类疾病的病毒被陆续发现。

一旦发现细菌、病毒等病原体，就可以研究针对性的预防、诊断以及治疗方法。各种抗病毒药物就是针对病毒发挥作用的。

但是，与抗菌药不同，能直接杀死病毒的抗病毒药物很少，大部分药物仅具有抑制病毒增殖、减轻症状的作用。例如，以达菲为代表的抗流感药会将"发烧时间缩短约1天"，并不能马上就治愈流感。

还有很多病毒感染不存在治疗药物。例如，众所周知的麻疹和风疹都是病毒传染病，但目前还没有特效抗病毒药物。一旦患上此类疾病，只能使用抑制症状的药物，等待痊愈。部分患者病情会加重，危及生命，还会留下后遗症。感冒病毒和新型冠状病毒都是如此，目前还没有抗病毒药物能够治愈这两类病毒引起的疾病。

所以，预防传染病最好的方式就是接种疫苗。迄今为止，针对各类细菌和病毒研发出的疫苗拯救了无数人的生命。

白喉杆菌、百日咳杆菌、破伤风杆菌、脊髓灰质炎病毒（以上四种混合制成联合疫苗）、流感嗜血杆菌（HIB）、肺炎球菌、结核杆菌（BCG）、乙型肝炎病毒、轮状病毒、麻疹病毒、风疹病毒、水痘-带状疱疹病毒、日本脑炎病毒、人乳头瘤病毒等对应的疫苗，在日本都是需要定期接种的，日本儿童可以免费接种（流行性腮腺炎、甲型肝炎、脑膜炎疫苗属自愿接种疫苗）。名字里有"菌"的是细菌疫苗，其他的都是病毒疫苗。

乙型肝炎病毒与诺贝尔奖

可以通过接种疫苗来预防的疾病被称为VPD（Vaccine Preventable Diseases，疫苗可预防疾病）。注射相应的疫苗后，那些容易致死或造成严重后遗症的传染病的发病概率会大幅下降。

乙型肝炎病毒和人乳头瘤病毒都是可以诱发癌症的病毒。因此，预防这两种病毒的疫苗也就具有"预防癌症"的特殊性质。

乙型肝炎病毒会引发乙型肝炎，进而诱发肝癌（也有人死于急性肝炎）。人乳头瘤病毒则会引起包括子宫颈癌在内的各种癌症。

但更多癌症的发病机制十分复杂，因此无法用

布隆伯格

药物预防。无论多么注意饮食，多么注重作息规律，都无法预防大肠癌、乳腺癌、前列腺癌、胰腺癌等疾病的发生。

豪森

但是，如果是由感染引起的癌症，我们就可以通过预防感染来预防癌症。可以说，疫苗给我们的健康带来了极大的影响。

发现乙型肝炎病毒的美国医生巴鲁克·塞缪尔·布隆伯格于1976年获得了诺贝尔生理学或医

学奖。发现人乳头瘤病毒的德国病毒学家哈拉尔德·楚尔·豪森于2008年获得同一奖项。

技术奇迹

令人意外的是，疫苗的诞生实际上远远早于细菌学和病毒学的兴起。在明确细菌和病毒的存在之前，疫苗就已经投入使用了。"疫苗（vaccine）"的词源是"牛"的拉丁语"vacca"。为什么是"牛"呢？因为疫苗的诞生与牛有着莫大的关系。

18世纪，天花肆虐全球。这是一种痘病毒科的病毒引起的传染病，患者全身发疹，每3人中就有1人死亡。

尽管这种疾病从公元前就被人知晓，但很长一段时间内，人们都不知道病毒的存在，也根本没有预防和治疗的方法。不过，自古便流传下来这样的经验：如果天花痊愈，那么这个人就不会再得天花。现在我们把这一现象称为"免疫"。

基于这种经验，从10世纪开始，人们开始使用"接种人痘"的预防方法。所谓接种人痘，是取天花患者的疹脓，放在正常人皮肤的伤口处，使之渗入体内，让人获取抵抗病毒的能力。虽然这种方法有一定的效果，但

是接种的对象也有感染的
风险，并不是一种安全的
方法。

詹纳

　　不过，在英国的农村
有这样一个古老的传言：
"得过牛痘的人不会得天
花。"牛痘是发生在牛身
上的一种传染病，如果人
得了牛痘，皮肤也只会出
现轻微的肿胀，并不严重。但是，人感染牛痘后，不知
为何就能免于感染天花。

　　英国医生爱德华·詹纳注意到了这一现象。他认
为，将牛痘患者的脓液注射到人体内，或许可以预防天
花。詹纳为23个人接种了牛痘（被称为种痘），并于
1798年发表了研究结果。这23个人当中还包括他自己
11个月大的儿子。

　　起初没几个人相信这种方法，詹纳甚至还被当作笑
柄。但后来发现，种痘的效果非常显著。尽管当时并不
知道种痘的具体原理，但这的确是世界上最早的疫苗。

　　天花疫苗迅速传播到了世界各地，患者急剧减少。
1849年，绪方洪庵在大阪建立了除痘馆，疫苗在日本传播开来。1858年在江户建立了种痘所，它也是东京大学医学部的前身。

一个多世纪后的1980年，世界卫生组织正式宣布消灭天花。世界上再无天花患者。曾经威胁人类生存的致命疾病，从地球上彻底消失了。

人类历史上，没有哪种药物能像疫苗这样拯救如此之多的生命。医学技术进步的受益者，正是当今的我们。

破坏免疫的疾病

奇怪的报告

1981 年，医学杂志《柳叶刀》刊登了一份奇怪的报告[2]。这是一份关于 8 名患卡波西肉瘤这一罕见病的男性患者的病例报告，这几名患者的情况非常特殊。

首先，卡波西肉瘤常见于老年人，但他们都是 20～40 岁的青壮年。其次，这种病通常发展缓慢，患者的病情经历 10 年的漫长岁月才会慢慢恶化，但这 8 名患者的病情来势汹汹，其中 5 人在短时间内死亡。

更奇怪的是，他们都患过梅毒、淋病、生殖器疱疹、尖锐湿疣等多种性病，而且都是男同性恋者。

还有更令人吃惊的事实。

其中一名 34 岁的男性，还感染了两种罕见病——卡氏肺孢菌性肺炎和隐球菌脑膜炎，在3个月内就去世了。这两种病的病原体是真菌（霉菌的同类），对于健康人来说，这种微生物的致病性非常低。

随后，类似病例在美国接连出现。他们的共同点是：他们的免疫功能都遭到了破坏，都得了普通人不会轻易患上的传染病，且原因完全不明。

由于患者基本都是男同性恋者，所以就出现了"同性恋相关免疫缺陷（GRID）"这样带有歧视性色彩的名字，后更名为"获得性免疫缺陷综合征"（AIDS，艾滋病）。

出生时免疫功能异常的疾病被称为"先天性免疫缺陷综合征"。但这次人们发现的是一种"后天性"的全新疾病。

蒙塔尼耶

研究人员迅速展开行动。1983年，也就是首次报告的2年后，法国病毒学家吕克·蒙塔尼耶和弗朗索瓦丝·巴尔-西诺西发现了引发艾滋病的病毒。最初，蒙塔尼耶等人将其称为"淋巴结肿胀相关病

毒（LAV）"，1986年
则将其命名为"人类免疫
缺陷病毒（HIV）"。

HIV非常棘手。它侵
入负责人体免疫的淋巴细
胞之一的辅助性T细胞，
并在细胞中大量复制，破
坏T细胞。病毒反复侵入
与破坏T细胞，导致人体
内T细胞逐渐减少。

巴尔-西诺西

病毒会在几年到十几年的漫长时间里，逐渐破坏宿
主的免疫系统。这就像在脖子上慢慢收紧的套索一样。
于是，那些对于健康人来说毫无威胁的真菌或毒性较弱
的病毒也可以引起严重的感染，使宿主死亡。这种感染
被称为"机会性感染"。

性病流行趋势

发现病毒以后，抗病毒药物的研究也取得了飞速的
进展。随着治疗方法的不断改良，现在多种抗病毒药物
联合使用，几乎可以完全抑制病毒的增殖。

过去，HIV感染被称为"死亡宣告"，如今它已经成了一种可控的"慢性疾病"。通过服药，患者可以维持"虽然携带HIV，但不会患上AIDS"的状态。

除了血液，HIV还存在于精液和阴道分泌物中，可以通过性行为传播。这类性传播疾病的病原体，除HIV外，还包括淋球菌、衣原体、梅毒螺旋体等细胞微生物，以及之前提到的乙型肝炎病毒和人乳头瘤病毒等。

某种性病的患者往往同时患有多种性病，因为这些疾病的感染途径相同。1981年报告的8名男性患者全部患有多种性病，原因正在于此。

另外，因为HIV病毒在血液中存在，如果注射兴奋剂等药物时交叉使用注射器，也会发生感染。如果母亲是感染者，有可能将病毒传播给孩子，因此母亲有必要事先服用抗病毒药物，并避免哺乳。

目前，全世界约有3800万艾滋病患者，其中一半以上在撒哈拉沙漠以南的非洲地区[3]。主要原因在于当地对性传播疾病的预防工作不到位。非洲的感染者以女性居多，母婴传播也是一个大问题。因此，在第一次发生性关系之前进行预防教育很有必要。

蒙塔尼耶和巴尔-西诺西因首次发现HIV而获得了2008年的诺贝尔生理学或医学奖。同时获奖的还有楚尔·豪森，因为他发现了人乳头瘤病毒这一"在人类间广泛蔓延的病原体"。

从不治之症到可治之疾

2020年的诺贝尔生理学或医学奖同样被授予发现病毒的科学家。获奖者是三位病毒学家：哈维·阿尔特、迈克尔·霍顿和查尔斯·赖斯。这一病毒就是丙型肝炎病毒。

丙型肝炎病毒通过输血等途径传播，引发慢性炎症。肝细胞长年累月受到病毒侵袭，不断遭到破坏后又再生，就会发展为肝硬化或肝癌。

肝癌患者大多患有慢性疾病（慢性肝炎或肝硬化）。大多数人都是在一二十年的时间里，肝脏一直处于被破坏、受损的状态。

肝细胞癌变而引发的癌症统称为"原发性肝癌"（其他器官的癌细

阿尔特

胞转移至肝脏引发的是"转移性肝癌")。原发性肝癌分为肝细胞癌和肝内胆管癌两种。在日本,肝细胞癌占90%以上[4]。虽然名称听上去很复杂,但分类依据其实很简单——构成肝脏的细胞主要是肝细胞和胆管细胞,上述两种癌症正是对应这两种细胞的癌变。

在发源于肝脏的癌症中,肝细胞癌占了大半,其中七成到九成都是乙型肝炎或丙型肝炎引起的[5]。在日本,肝细胞癌的诱因中,丙型肝炎约占七成,乙型肝炎约占两成。很多人一听到"肝癌"就联想到酒精,其实最大的幕后黑手是病毒。

丙型肝炎以前被称为"非甲非乙型肝炎"。尽管人们发现了甲型肝炎病毒和乙型肝炎病毒,也确立了相应

霍顿

的诊断方法,但不属于上述二者的未知肝炎也是存在的。

1989年丙型肝炎病毒被发现,其诊断方法也随之明确。但是,丙型肝炎是很难治愈的疾病。一旦感染,患者病情会不断恶化,多数患者都会出现肝

硬化和肝细胞癌。

乙型肝炎有疫苗，丙型肝炎却没有。对于经常接触肝炎患者，使用注射器的医务人员来说，丙型肝炎是威胁极大的传染病。

赖斯

好在随着医疗技术的进步，近年来出现了直接抗病毒药物（Direct Acting Antivirals, DAA）这类具有划时代意义的药物，95%以上的丙型肝炎得以治愈[6]。仅靠服药就能治愈丙型肝炎，这在过去难以想象。丙型肝炎病毒的发现就是这一奇迹诞生的基石。

诞生于日本的全身麻醉术[1]

超乎想象的技术

　　和歌山县纪之川市有一个叫作"青洲之里"的驿站，名字取自江户时代纪州藩的医生华冈青洲。那里保留了华冈青洲曾用作诊疗所兼住宅的春林轩，还有一座华冈青洲纪念公园，其中有各种纪念堂。

　　华冈青洲是世界上第一位实施全身麻醉的医生。19世纪时，全身麻醉技术尚未出现，所以做手术必然要忍受剧烈的疼痛。因剧痛而呻吟、尖叫的患者，对外科医生执行手术的速度也有要求。而且，在没有麻醉的情况下，能做的手术也相当有限。"身体在熟睡、无痛的状

1　在我国，汉代华佗发明的"麻沸散"被认为是最早出现的麻醉药。

态下被切开，一觉醒来后伤口已经完成缝合"，这种场面在过去无法想象。

华冈青洲

受行医的父亲的影响，华冈青洲也立志成为医生，帮助深陷困苦与不幸的人们。他潜心研究一种以多种药草制成的麻醉药，希望将无痛手术变为现实。

1804 年，华冈青洲经过苦心钻研，终于发明了麻醉药"通仙散"，并成功实施了全身麻醉手术，切除了乳腺癌。

据说，华冈青洲在自己的妻子和母亲身上也做过人体实验。她们二人向华冈青洲主动提出用自己的身体进行全身麻醉试验。

后来，华冈青洲为一百多名乳腺癌患者实施了全身麻醉手术，卓有成效。消息很快传遍日本，来自全国各地的人们纷纷投其门下，学习全身麻醉技术。遗憾的是，华冈青洲发明的麻醉药难以控制剂量，未能在世界范围内获得推广。

推广全身麻醉的牙医

美国的牙医为全身麻醉的普及创造了契机。此时，距华冈青洲首次进行全身麻醉，已经过去约40年了。

从18世纪下半叶到19世纪，一氧化二氮这种气体始终是派对和表演上的常客。吸入这种气体的人会笑个不停，像喝醉一样，所以又得名"笑气"。吸入笑气的年轻人像梦游一样，即使受伤也感觉不到痛。

牙医霍勒斯·威尔斯见此情形，产生了一个绝妙的想法：有了这种气体，是不是就可以让患者在无痛的状态下配合牙科治疗了呢？

威尔斯决定先拿自己开刀。他吸入笑气，让朋友约翰·里格斯在他人事不省的时候拔掉了他的智齿。神奇的是，他全然没有感觉到疼痛。

后来，威尔斯在为许多患者治疗时都用了笑气，确认了其效果。1845年1月，他决定进行公开演示。演示地点选在了波士顿的麻省总医院，这是著名的哈佛医学院旗下声望颇高的附属医院。

不幸的是，威尔斯的演示以失败告终。手术中的患者叫苦不迭，而这一幕被现场来宾看在眼里。他们纷纷指责威尔斯是"骗子""撒谎成性"。较真的威尔斯又

重复了一遍实验，但没能
重获信任。

威尔斯的实验为什么
没能成功？是笑气的体积
和纯度的问题，还是天气
的问题？至今也没有答案。

在威尔斯的公开实验
中担任助手的是同为牙科
医生的威廉·莫顿。看到

威尔斯

威尔斯的失败后，莫顿放弃了笑气，转而选择乙醚进行
实验。乙醚蒸气也有类似笑气的效果。那时的人们会举
行"乙醚派对"，在派对现场吸入乙醚助兴。

在患者身上确认了乙醚的麻醉效果后，1846年，莫
顿也选择在麻省总医院进行公开演示。此时距离威尔斯
的失败仅仅过去了1年。最终，莫顿大获成功。病人没有
感到一丝疼痛，下巴的肿瘤就被切除了。

这一事件被广泛报道，麻醉技术的普及迈出了第
一步。

由于乙醚易燃，后来人们选用更安全的氯仿作为吸
入麻醉剂。当然，不管是乙醚还是氯仿，过量使用都会
对人体带来严重的副作用。因此，英国医生约翰·斯诺

研制出了可调整气体浓度的吸入器，提高了麻醉的安全性。没错，这位约翰·斯诺就是发现霍乱病因的医生。

现在，得益于麻醉药物的进步，医生可以将高安全性的多种药物组合在一起使用，并根据病人的具体情况进行调整。

麻醉相关的事故极少发生，在麻醉科医生的支持下，外科医生可以进行长达10小时，甚至20小时的长时间手术。

争议与悲剧交织的结局

莫顿的公开演示成功后不久，美国上下就"谁是麻醉技术的发明者"展开了激烈争论。

重视商业利益的莫顿试图将发明麻醉技术的功劳据为己有，不遗余力地大肆宣传。他接连在报纸上刊登无痛拔牙的广告，把诊所搞得红红火火。

此外，他还申请了乙醚麻醉的专利，想通过专利费大赚一笔，还反复游说议员，争取奖金。

但是，乙醚原本就是一种被广泛使用的化合物，莫顿的"发明"的独特性一直没有得到认可。而且，当初建议莫顿使用乙醚的是哈佛大学的权威学者查尔斯·杰

克逊，他认为自己才是发
明人，并在医学杂志上与
莫顿反复争论。

　　另外，早在莫顿公
开演示的4年前，佐治
亚州的外科医生克劳福
德·朗就在手术中使用
过乙醚。还有许多人也自
称是"最初的发明人"，

莫顿

局面一时陷入混乱。后来，一生致力于名留青史的莫
顿，在1868年因中风突然辞世。

　　另一边，威尔斯也声称自己才是吸入麻醉法之父。
为了挽回作为麻醉技术发明人的名誉，他又使用氯仿反
复进行实验。

　　而这也侵蚀了威尔斯的身心。

　　1848年，威尔斯因在街上用硫酸泼伤两名妇女被
捕。滥用氯仿的威尔斯，对氯仿产生了严重的依赖。他
在神志不清的状态下做出了那些荒唐的行径。当清醒过
来时，他已经坐在看守所里了。

　　威尔斯难以面对自己所犯下的罪行，在吸入氯仿后
用剃刀割断了自己大腿的动脉。当看守人员次日一早来

到牢房时，他早已断气。

威尔斯和莫顿进行公开麻醉演示的手术室，至今仍保留在麻省总医院内，被命名为"乙醚圆屋"。

麻醉技术是在美国独立后不到一个世纪的时间里发明的，却是美国历史乃至医学史上最为重要的发明，而这一充斥悲情色彩的故事至今仍为人们所乐道。

可怕的糖尿病

失明的第三大诱因

1921年，发生了一件改变医学历史的重大事件——降低血糖的激素"胰岛素"被发现。

胰岛素是胰脏产生的激素。在察觉到血糖值的细微变动后，身体会通过胰脏分泌激素来维持血糖水平的稳定。

糖尿病是胰岛素分泌不足，或身体对胰岛素产生抵抗性而引起的疾病。如果血液中的葡萄糖浓度升高，周围组织中的水就会因为浓度的差异渗入血管。患者会变得多尿，口渴异常，大量饮水。过剩的葡萄糖会通过尿液排出，因此尿液中的葡萄糖浓度会异常升高。这就是"糖尿病"这个名字的由来。

人体内有一百多种激素，但只有胰岛素能降低血糖。不过，提高血糖的激素倒是有很多，如生长激素、肾上腺皮质激素、肾上腺髓质激素、甲状腺激素、胰高血糖素、生长激素释放抑制激素等。

考虑到动物常会遇到食物不足的情况，因此提高血糖的机制更多一些也是理所当然的。但现代人，偏偏是那种世所罕见的不愁吃喝的动物。

糖尿病可以分为几种类型。其中最重要的是Ⅰ型糖尿病和Ⅱ型糖尿病。90%的糖尿病都是Ⅱ型糖尿病，那种因不良生活习惯导致的糖尿病就属于Ⅱ型。Ⅱ型糖尿病是由先天的遗传因素结合暴饮暴食、肥胖、运动不足等后天因素共同引起的。这是一种表现为胰岛素抵抗和胰岛素分泌低下的慢性疾病。

如果血糖长期处于较高水平，会累及身体各个器官，首当其冲的就是神经、眼睛和肾脏。日本的医学生在备战国家考试时，常用"神目肾[1]"的口诀来记住这三大并发症。

末梢神经受损会让手脚麻木，感觉迟钝。全身的毛细血管受损，并累及视网膜，就会演变成糖尿病视网膜

---

1 しめじ，是日语中"神経（し）""目（め）""腎臓（じ）"三个词的平假名首字。

病变，继续恶化的话甚至会失明。在日本，糖尿病是导致失明的第三大元凶[7]。

肾脏血管受损会引发糖尿病肾功能障碍，患者会逐渐失去肾功能，需要接受透析治疗。在需要透析的患者中，糖尿病患者最多，约占四成[8]。

高血糖还会降低免疫力，即使脚上有个小伤也会在不经意间恶化为严重的感染，再加上毛细血管中血流不畅，伤口极易腐烂。"足坏疽"也是糖尿病的代表性并发症，严重时甚至需要截肢。糖尿病患者截肢的可能性比非糖尿病患者高30倍[9]。

Ⅰ型糖尿病的特征则完全不同。这类糖尿病的发病机制与生活习惯无关，多发生在儿童期到青春期。病因在于分泌胰岛素的胰脏细胞（胰岛B细胞）被破坏，胰岛素的分泌量不足。多数观点认为是免疫系统错误地攻击了自己的胰脏。

Ⅰ型糖尿病的问题在于胰脏几乎不分泌胰岛素，如果不通过体外注射胰岛素，患者就无法生存。

直至20世纪初，人们仍不知道胰岛素的存在。Ⅰ型糖尿病的患者都非常短命，发病后几年内就会死亡。他们的身体在缺乏胰岛素的情况下，发生了怎样的变化呢？

胰岛素虽然被称为"降低血糖的激素"，但更准确地说，是促进血液中的葡萄糖进入细胞转变为能源的激素。降低血糖是胰岛素发挥作用的结果。因此，如果缺乏胰岛素，身体就无法有效地产生能量，人就会急剧消瘦。

另外，如果不能将葡萄糖用作能源，身体就会大量分解脂肪为生命活动供能。这样一来，脂肪分解后的酸性产物"酮体"在体内蓄积过多，血液就会偏向酸性。这种状态被称为"糖尿病酮症酸中毒"，如果不迅速注射胰岛素，人就会陷入昏迷而死亡。为了保证人体各脏器的正常运作，血液的酸碱度必须始终维持在接近中性的范围内（严格来说偏碱性）。

在胰岛素被发现之前，Ⅰ型糖尿病是夺走年轻人生命的不治之症。

神奇的胰岛素的发现

糖尿病的历史非常悠久。公元前15世纪古埃及的莎草纸上就记载了糖尿病患者的一种典型症状——多尿。希波克拉底也谈过糖尿病的症状。据悉，平安时代的藤原道长[1]就患有糖尿病。

1　藤原道长，日本平安时代的公卿，权倾一时。

在19世纪末之前，人们都不知道胰岛素的存在，也不知道胰脏与糖尿病的关系。从发现糖尿病至今已过去三千多年，但阐明糖尿病机制也不过是最近的事。

糖尿病治疗的重大转折发生在1889年。德国医生奥斯卡·闵可夫斯基发现，被切除胰脏的狗患上了糖尿病。失去胰脏的狗，出现了极度口渴和多尿等糖尿病特有的症状，陷入昏迷状态后死亡。

众所周知，胰脏是向十二指肠分泌消化液的器官。而这是人们第一次发现胰脏还具有调节血糖的功能。

如果能从胰脏中提取降低血糖的激素，或许就能拯救糖尿病患者。可是胰液中的蛋白酶可以分解激素，所以提取的过程格外困难，很多研究者为此绞尽脑汁。

在这样的背景下，胰岛素以一种出人意料的方式被发现了。

1920年，时年29岁的加拿大人弗雷德里克·班廷是一名毫无糖尿病治疗经验的外科医生，同时，他也在大学兼教职。备课中的班廷阅读到有关碳水化合物代谢的文献时，突然想到了一个点子——只要结扎动物胰管的出口，破坏胰脏中生产消化酶的细胞，就能提取出激素。激素基本上是直接分泌到毛细血管内的，不会通过胰管那样的导管（作为通道的粗管）。如果胰管被堵

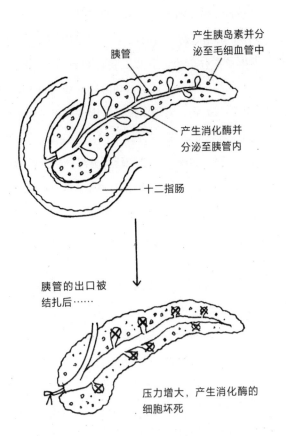

产生胰岛素并分泌至毛细血管中

胰管

产生消化酶并分泌至胰管内

十二指肠

胰管的出口被结扎后……

压力增大，产生消化酶的细胞坏死

从胰脏提取胰岛素

塞，滞留的胰液会使胰管的压力升高，只有生产消化酶的细胞会被破坏，这样就有可能提取出未被消化酶破坏的激素。

班廷

为了将自己的想法付诸实践，班廷于1920年11月首次拜访多伦多大学的生理学教授约翰·麦克劳德。班廷对糖尿病的认识还很浅薄，实验经验也很匮乏，麦克劳德勉强同意把实验设备借他一用。这一故事后来被称为"多伦多奇迹"。

1921年，班廷用上述方法从狗的胰脏中成功分离出一种激素。将此激素注射到患有糖尿病的狗身上，效果显著。这只名叫马乔里的狗在胰脏被完全摘除后还活了七十多天，成了世界上最有名的实验动物。

1922年1月，一名患 I 型糖尿病的14岁少年首次接受胰岛素注射，症状得到了极大的改善。随后，多伦多大学与美国的礼来制药公司进行产学合作，用猪来量产胰岛素，拯救了全世界无数的糖尿病患者。

就在班廷灵感突现的3年后，1923年，他与麦克劳

麦克劳德

德共同获得了诺贝尔生理学或医学奖。获得了世界级成就的班廷，不幸于1941年2月因飞机失事而结束了短暂的一生，卒年49岁。

11月14日被定为世界糖尿病日，在每年的这一天，世界各地都会举行点灯活动。仅在日本就有一百多处建筑物被点亮，街头还会举行各种宣传活动。这一天也是班廷的生日。

基因工程的贡献

胰岛素被发现后，牛、猪等动物性胰岛素在很长一段时间内都被用于糖尿病的治疗。但是，如果使用家畜，无法满足广大糖尿病患者的长期需求。仅一名糖尿病患者，一年就需要70头猪来提供胰岛素。而且，动物胰岛素有时会引起过敏反应，这也是一个亟待解决的难题。

20世纪70年代，基因工程的进步让问题迎刃而解。

通过基因重组技术，人类可以用化学方法合成胰岛素。这一方法将胰岛素的基因转入大肠杆菌，再大量繁殖转基因细菌，使其量产胰岛素。

1983 年，礼来公司与基因工程制药企业——基因泰克公司合作，推出了世界上第一种人胰岛素制剂"优泌林"。人胰岛素制剂是第一种采用基因重组技术制造的药品。此后，无数药品都以这种方式问世。

基因重组技术现在已成为医药开发中不可或缺的技术，而细菌在其中功不可没。细菌可以轻而易举地大量产出我们人类无法制造的物质。

为了让胰岛素制剂可以最大限度模拟人体内胰岛素的分泌过程，人们仍在不断完善这种药物。新型胰岛素制剂层出不穷，在世界范围内得到了广泛应用。当然，除了胰岛素制剂以外，还有很多糖尿病的治疗药物。医生会根据病情，为患者开具最适合的药物。

尽管如此，完美控制血糖仍然十分困难，前面提到的各种并发症依然是些大问题。虽然曾经凶险的 I 型糖尿病，如今也变成了慢性病，但并发症的风险仍不可小觑。

根据国际糖尿病联合会（IDF）2009 年的调查，全世界约有 4.63 亿糖尿病患者，即每 11 人中就有 1 人患有糖尿病[10]。其主要原因是世界范围内城市化和老龄化的快速发展，以及肥胖人口的攀升。

我们与糖尿病的战斗，在跨越三千多年的漫长岁月后，才刚刚打响。

载入吉尼斯纪录的"止痛药"

止痛药的历史

疼痛是让我们备受煎熬的一种感觉，无论是头痛、关节痛，还是腰痛。很多人都离不开止痛药。

自古以来，人们对镇痛的需求始终存在。为了缓解疼痛，人类尝试过五花八门的方法，其中最有效的药物是柳树的叶和树皮。自古希腊、古罗马时代开始，柳叶就被用于镇痛和退烧。

19世纪，人们提取出了柳树中的有效成分——水杨酸，后来实现了人工化学合成。水杨酸的英文名"Salicylic Acid"即源于柳树的学名"*Salix*（柳属）"。

不过，水杨酸有一个很大的缺点——它会导致胃部不适、恶心、溃疡等非常严重的不良反应。

19世纪90年代，菲利克斯·霍夫曼在德国拜耳制药公司从事药品研究。霍夫曼的父亲患有类风湿关节炎，需要服用水杨酸来缓解关节痛，但又苦于严重的副作用。这就成为霍夫曼决心改良水杨酸的理由。

拜耳公司于1863年成立，前身是一家染料公司。1888年，拜耳成立了医药部门，进行各类药物的研究。当时，公司专注于研究一种改变药物性质、提高安全性的方法——乙酰化，也就是在药物分子结构中加入乙酰基。

乙酰基（CH_3CO—）是由1个氧原子（O）、2个

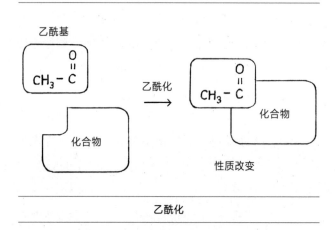

乙酰化

碳原子（C）、3个氢原子（H）结合而成的有机基团。与这样的分子结合，化学物质的性质就会发生变化。

范恩

1897年，霍夫曼发现将水杨酸乙酰化可以减轻对胃的副作用。1899年，拜耳公司推出了乙酰水杨酸片剂，商品名为"阿司匹林"。

阿司匹林非常受欢迎，销量持续暴增。20世纪50年代，它作为世界上最畅销的镇痛药被载入吉尼斯世界纪录，至今仍是镇痛药的代表。例如，常见的日本非处方药物"巴非林"，它就是一种添加了缓冲剂（缓和作用）的阿司匹林制剂。

尽管阿司匹林是最畅销的镇痛药，但人们很长一段时间内都不清楚它为什么能止痛。1971年，英国药理学家约翰·罗伯特·范恩解开了这一谜团。此时距离阿司匹林问世已过去70多年了。范恩也因此于1982年获得诺贝尔生理学或医学奖。

阿司匹林止痛的原理

阿司匹林为什么能止痛？其原理稍显复杂，却是医学生在药理学课中必学的重要知识点，考试中也频繁出现。

阿司匹林的主要作用是抑制产生前列腺素的环氧化酶。前列腺素是引发炎症的物质的总称。

试想一下伤口化脓的场景：白细胞聚集在伤口处与细菌激战，宛如战场。

毛细血管扩张，血液聚集，导致伤口红肿发热。血管内的液体透过血管壁形成渗出液，与白细胞的"尸体"相混合就形成了黏稠的脓液。伤口处还会产生一种被称为舒缓激肽的物质，它会让伤口隐隐作痛。这一系列过程就是炎症反应。

前列腺素会促进上述过程的发生。另外，它还会作用于下丘脑的体温调节中枢，使体温上升。这就是为什么炎症严重时，我们会发烧。

如果阿司匹林抑制前列腺素的产生，就会阻碍这些过程。疼痛必然会减轻，烧也会退。这就是阿司匹林被称为"退热镇痛药"的原因。

目前广泛使用的退热镇痛药有洛索洛芬钠、布洛芬、双氯芬酸钠等，这些药的作用与阿司匹林相同，统称为非甾体抗炎药（NSAIDs）。它们的作用都是止痛和退热。

如前所述，水杨酸对胃的副作用很大。虽说阿司匹林的副作用较之有所减轻，但仍然存在——易引发胃和十二指肠溃疡（合称"消化性溃疡"）。这也是为什么大家都说止痛药伤胃。

胃里是一个酸性极强的环境，而前列腺素（E_2和I_2类型）具有保护胃和十二指肠黏膜的作用。如果NSAIDs抑制前列腺素的产生，黏膜的保护作用就会被削弱，胃酸会损伤胃壁和十二指肠壁。

正所谓顾此失彼。前列腺素自然也是人体不可或缺的物质。

长期服用NSAIDs时，需要用胃药预防溃疡。不过，并不是什么胃药都可以。只有质子泵抑制剂、前列腺素制剂和H_2受体拮抗剂类的胃药在长期使用NSAIDs时具有预防消化性溃疡的效果[11]。

总之，阿司匹林以其卓越的功效改变了医学史。"阿司匹林"原本是商品名，现在已经成了通用名。就像订书机、签字笔、魔术笔那样，因商品名过于出名，便被当作普通名使用。

值得一提的是，阿司匹林开发背后的故事也暗藏玄机。霍夫曼的孝心的确令人感动，但这个故事未必真实存在。深耕制药行业的学者唐纳德·R.基尔希在《新药诞生的奇迹——成功率0.1%的探索》（早川文库）一书中认为真正的功臣是犹太研究者阿图尔·艾兴格林。艾兴格林是直接参与阿司匹林开发的核心人物，也是改变拜耳公司命运的核心人物，据说他的功绩被纳粹所抹消。

不管怎么说，划时代的新药凝聚了众多研究者的智慧。无论哪一种药，都不是仅凭一个人就能研发出来的。无数研究者呕心沥血，未必名留青史，却成就了我们的今天。

第 **4** 章

你有所不知的健康常识

我们所不知道的事情，远比我们知道的更多。

——威廉·哈维（医生、解剖学家）

你没必要知道自己的血型

不可思议的血型报告

在日本，生活中到处都要求登记血型。市民马拉松的报名表、号码牌、托儿所和学校的文件，甚至连身边的防灾包上都有血型一栏。很多人对此困惑不已。

不过，其他国家似乎不会进行类似的登记，大多数人都不知道自己的血型，被问了反而感觉很困扰。

那么，我们究竟为什么要登记血型信息呢？

或许你会认为，在受伤需要输血的时候，血型信息就能派上用场了。但这个答案并不正确。

因为输血前必须要通过血液检查确认血型。虽然各家医院的情况存在差异，但一般在几十分钟内就能得到血型检查结果。另外，输血前必须把患者的血液和一部分血液制剂进行混合，进行交叉配血试验，观察是否会发生不良反应。

即便患者本人一口咬定自己是A型血，上述步骤也绝对不能省略。以前在同一家医院接受过血液检查的人，即使已经知道血型，也一定要进行交叉配血试验。

这又是为什么呢？

很简单，因为如果不小心使用了不同血型的血液会危及生命。这就是"不规范输血"。性命攸关的信息，不可能全听患者的一面之词。

很多人根据出生时接受的检查结果来确认自己的血型，但是出生后立即进行的血型检查结果并不可靠。曾有人说自己出生时血型是A型，结果第一次做手术前的检查发现自己是B型血。这再一次说明，患者自己声称的血型并不可靠。

如果血型未知的患者发生了大出血，情况紧急，连检查血型的时间都没有，那又该怎么办呢？难道在这种时候，就只能无条件地相信本人提供的信息吗？

这当然也是不可能的。在这种情况下，不得不给患者输入O型血。因为不管对方是哪种血型，输入O型血引起严重反应的可能性都偏低。无论事态多么紧急，医院都不会采用患者自己提供的血型信息。

因此，近年来很多医疗机构在新生儿出生时不再进行血型检查。读到此处的你可能也不知道自己孩子的血型，但不必担心，有需要的时候再去检查就可以了。顺便一提，我也不知道自己孩子的血型。

多样的血型

在奥地利的卡尔·兰德斯坦纳于1900年发现"血液有不同类型"之前，不规范输血导致的事故时有发生。

兰德斯坦纳注意到，在人的血清中混入其他人的红细胞，有红细胞发生凝集（聚集结合）而破裂的情况，也有不破裂的情况。随后，他用众多样本相互反应，反复确认，得出人有A、B、C三种血型的结论。后来的研究发现了第四种血型AB型，并把C型更名为O型。

不同血型间的区别在于红细胞表面的抗原种类不同。我们可以把抗原想象成细胞表面上很多像刺一样的东西。ABO和Rh两种类型的"刺"在输血过程中最为重要。

A型红细胞上有A抗原，B型红细胞上有B抗原，AB型则二者都有，O型没有这两种抗原。另外，A型血清中有抗B抗体，B型血清中有抗A抗体，O型血清中有这两

兰德斯坦纳

种抗体，AB型血清则没有这两种抗体。

看上去有些混乱，不过结论倒很简单——我们体内只有对自身抗原不产生反应的抗体。抗体和抗原就像钥匙和锁的关系，A抗原和抗A抗体、B抗原和抗B抗体会发生反应，使红细胞凝集、受损。

因此，如果给A型血的人注入B型红细胞或反过来给B型血的人注入A型红细胞，红细胞抗原和抗体就会结合，引发红细胞凝集和破裂。

如果是O型红细胞，无论遇到哪种抗体都不会发生凝集。因为O型红细胞上既没有A抗原，也没有B抗原。之所以从C型改为O型，就是因为其红细胞表面"没有"那些抗原，即"零"。这一发现对安全输血的普及起到了至关重要的作用。1930年，兰德斯坦纳因此获得了诺贝尔生理学或医学奖。

A型	**B**型
抗B抗体　　A抗原	抗A抗体　　B抗原
O型	**AB**型
抗A抗体　　抗B抗体	A抗原　　B抗原

血型与抗原、抗体

Rh血型的发现

就像ABO血型系统有A和B两种抗原一样，Rh血型系统也有C、c、D、E、e等超过40种抗原。其中，有D抗原的称为Rh阳性血，没有D抗原的称为Rh阴性血。因为D抗原在不规范输血中引起的不良反应最明显。

Rh血型系统的发现者也是兰德斯坦纳，时间在发现ABO血型系统的40年后，即1940年。Rh是恒河猴（rhesus monkey，德语rhesusaffe）的缩写，因为Rh是恒河猴与人类的共同抗原。日本人中Rh阴性血极少见，只有0.5%。而在白人中则有15%是Rh阴性[1]。

还有很多其他的血型系统，比如MNS血型、P血型、LEWIS血型、KELL血型、DEIGO血型等，种类非常多。如果是罕见血型，即使ABO和Rh血型一致，也可能出现输血安全问题。

日本人与血型鉴定

血型这种本不必要知道的医学特征，为什么很多日本人会默默记下来呢？

不光是自己的血型，有些人还知道家人、朋友、同事、上司的血型。听上去有点恐怖。

究其原因，恐怕是日本人普遍相信血型决定性格的说法吧。当然，目前还没有任何科学根据能证明血型和性格有关联。

如果思考一下血型的本质，就会发现，红细胞表面抗原决定性格的说法是多么荒诞无稽。当然，"你是O型血，所以你是某种性格"这种来自周围人的刻板印象可能会对人格的形成造成影响，而这对人来说必是有害无益。

希望根据血型对人进行划分的大有人在。现在电视和杂志上还能看到"O型血很认真""A型和B型血的相配度"诸如此类的话题，实在是不可思议。

要真正了解一个人，只能通过真诚的交流，还有长久的相处。血型检测可不靠谱。

危险的寄生虫——异尖线虫

钻入胃肠壁

说到人体寄生虫，你会想到什么？

有人可能会想到蟠虫和虱子，还有人会联想到过去检查蛲虫的场景（由于患者减少，日本在2014年停止了蛲虫检查）。但是，有一种不为人知的寄生虫就在我们身边，那就是异尖线虫。

异尖线虫是一种长2～3厘米的线状寄生虫，寄生在多种鱼类、贝类体内。如果你仔细观察从超市等处买来的海产品，比较容易发现它们。竹荚鱼、青花鱼（白腹鲭）、秋刀鱼、鲣鱼、鲑鱼、沙丁鱼、乌贼等，都是异尖线虫寄生的目标。

如果不小心被感染，虫体会试图突破胃壁和肠壁潜入体内，引起强烈的炎症和剧痛。这就是"异尖线虫病"。

在日本这样一个有生食海产品习惯的国家，每年有超过7000人罹患异尖线虫病，这个数字可不小[2]。每天，全国各地都有大量患者因剧烈腹痛被送往医院，接受紧急内视镜检查（胃镜），去除虫体。

异尖线虫病大部分发生在胃部，但也有发生在小肠的情况。发生在小肠时被称为"肠异尖线虫病"。胃异尖线虫病多在饭后数小时内发生，但肠异尖线虫病发病需要数十小时到数天时间。因为虫体和食物一起到达小肠需要一定的时间。

发病症状是剧烈的腹痛，有时还伴有恶心和呕吐。另外，还有5%的概率会引发荨麻疹、呼吸困难等过敏症状，还会引起发烧等全身症状[3]。

胃异尖线虫病可以用胃镜找到想要潜入胃黏膜而蠕动的虫体，将其去除。不过，肠异尖线虫病很难清除虫体。因为普通胃镜只能观察到十二指肠入口，无法深入小肠。该怎么办呢？

实际上，异尖线虫会在一周后自然死亡。人类本来就不是异尖线虫合适的寄生对象，所以它们无法在人体内生存太久。跟我们人类一样，它们也是"不小心"走错路才进入人体的。因此，最好的治疗方式就是使用镇痛药抑制症状，等待症状自然消失。但也有极少数情况下异尖线虫会引起肠道穿孔，导致病情恶化，所以还是慎重观察为妙。

预防异尖线虫病的方法

要预防异尖线虫病，首先要做到不吃虫体。异尖线虫通常有2～3厘米长，0.5～1毫米粗，算是体格"巨大"的寄生物了，肉眼就能看到。

细菌和病毒的可怕之处在于它们是"看不到的敌人"。但是，包括异尖线虫在内的许多寄生虫，只要仔细观察，很多都是能看到的。只要在食用前多多留意，可以降低误食的概率。

实际上，据说有10%～20%的患者体内都有两条以上的虫体[3]。曾有一位艺人吃了三文鱼子盖饭，不幸患病，体内发现了8条虫体。吃海产品时，如果没有防范异尖线虫的意识，很容易一次误食多条。虽然听着好笑，但当事人却因剧痛而苦不堪言。

异尖线虫不耐高温也不耐低温。60摄氏度加热1分钟以上，或者100摄氏度以上高温瞬时处理，都会杀死虫体。在零下20摄氏度的环境下冷冻24小时以上也可灭虫[2, 3]。不过，异尖线虫耐酸能力强，所以用醋是没效果的，酱油和芥末这类调料就更没用了。

我们在大快朵颐之时总是毫无戒心。所谓"病从口入"可不是说说而已，但大部分人都在食欲的驱使下把这句话抛于脑后。要想少吃苦头，你最好了解一下那些潜藏在食物中的生物的习性。

毒性极强的肉毒杆菌

强大的神经毒素

如果你手边有含蜂蜜的食品，不妨仔细看一下包装，上面应该写着"未满1岁的婴儿不得食用"的提示。如果婴幼儿食用蜂蜜，有可能造成肉毒杆菌中毒。

肉毒杆菌广泛存在于土壤、河流等自然环境中，其产生的肉毒毒素是一种毒性非常强烈的神经毒素。

如果肉毒杆菌进入成人的肠道内，会在与其他肠道细菌的生存竞争中落败，并不会引发什么大问题。但是，婴儿的肠内环境还不健全，肉毒杆菌会在肠道内繁殖并产生毒素，严重时将危及生命。这就是"婴儿肉毒中毒"。由于神经被麻痹，婴儿全身肌肉无力，无法吮吸，脖子不能正常抬起。严重时，婴儿呼吸中断以致威及生命，后果极其可怕。

虽说1岁以上的儿童可以食用蜂蜜，但即便是成年人，如果不慎食用含有大量肉毒毒素的食品，也会中毒。日本最有名的案例是在1984年6月因辣味莲藕引发的大规模食物中毒事件。熊本县的特色小吃——真空包装的辣味莲藕在14个都、府、县造成36人中毒，11人死亡[4]。患者受到神经毒素的侵袭，出现手脚麻痹、视线模糊、口齿不清等症状，严重者因呼吸衰竭而死。

芋头罐头、瓶装绿橄榄、红烩牛肉饭调料包等各种食品，也曾引发过食品安全事故。

读到此处，或许很多人会倍感困惑。罐装、瓶装、真空袋包装的食品在开封前不会接触外界空气，看上去是"相当安全的食品"。但这只是我们一厢情愿的误解。

包括人类在内，很多动物没有氧气就无法生存。但是，许多细菌在没有氧气的条件下也能生存。这类细菌被称为"厌氧菌"。厌氧菌又分为两种，一种是在正常氧气浓度下无法生存的专性厌氧菌，另一种是即使有氧气也能生存的兼性厌氧菌。前者并非简单地不需要氧气，而是有氧气就无法生存。对它们来说，氧气是有毒的（不同的专性厌氧菌对氧气的耐受性也有差异）。

38亿年前的地球

对生物来说，氧气本来就是有毒的东西。我们之所以能够利用氧气，是因为我们的身体能分解呼吸中产生的有毒的活性氧。

大约38亿年前，地球大气缺乏氧气，此时出现的生物当然不需要氧气。后来，随着大气中氧气的增加，生物掌握了利用氧气产生能量的能力。与其说专性厌氧菌不能在有氧环境中生存，不如说我们居然可以呼吸"有毒"的氧气。

话说到这里，想必各位可以推测出肉毒杆菌是一种专性厌氧菌。换言之，真空包装这种无氧的环境，反而正中肉毒杆菌下怀。它会在包装中繁殖，产生大量毒素，人一旦食用就会中招。

不仅如此，肉毒杆菌还会形成芽孢。所谓芽孢，就是像窝在壳里冬眠一样的细菌。即使在恶劣的环境中，它们也能顽强地活下来。酒精之类的消毒液对它无效，即使以100摄氏度的高温长时间煮沸也无济于事。

若要杀死肉毒杆菌芽孢，必须以120摄氏度的高温持续加热4分钟以上。这种经过加热处理的袋装食品在外观上和没有经过处理的很容易混淆，要特别注意包装上的标识。前者在常温下可以长期保存，但后者需要冷藏保存，而且保质期也不长。

以肉毒毒素为有效成分的药物也被用作治疗，这被称为"肉毒杆菌疗法"。

针对面部和眼睑的痉挛，以及脑梗死后遗症等引起的挛缩（肌肉过分收缩导致的肢体运动受限），可以使用肉毒毒素抑制神经活动。另外，肉毒毒素也可以用于美容，达到除皱的效果。

充分利用微生物是人类的拿手好戏。无论是抗生素，还是利用基因工程生产的创新药，都是如此。人类真是相当精明的动物。

自然界中的致命毒素

肉毒毒素被称为自然界中最强的毒素。下表中的数字是各种毒素的半数致死量——可以杀死半数实验动物的毒素量（μg/kg），数字越小毒性越强。可见，肉毒毒素一举夺魁，其次是破伤风毒素、志贺毒素（痢疾杆菌的毒素）、河豚毒素（河豚鱼的毒素）等。

由破伤风梭菌产生的破伤风毒素也是一种毒性强烈的神经毒素。破伤风梭菌和肉毒杆菌属于同一类群（梭

毒素名称	半数致死量（μg/kg）
肉毒毒素	0.0003
破伤风毒素	0.0017
志贺毒素（痢疾杆菌的毒素）	0.35
河豚毒素（河豚毒）	10
二氧（杂）芑	22
海蛇毒	100
尼古丁（乌头毒）	120
沙林毒剂	420
眼镜蛇毒	500
氰化钾	10 000

出处：摘自《毒与药的科学》（朝仓书店）

自然界中的剧毒

状芽孢杆菌属），都是专性厌氧菌，主要在土壤中以芽孢形态广泛存在。它从伤口进入人体，在缺氧的环境中萌发，产生毒素。

与肉毒毒素相反，破伤风毒素会导致神经过度活跃。患者会出现张口障碍、吞咽困难、面部和全身剧烈痉挛等症状，如果未及时治疗，会迅速死亡。

1980年被翻拍成电影的小说《震动的舌头》（三木卓著）是根据真实事件改编的。故事真实地描绘了一位被破伤风毒素侵袭的少女，而故事的起因是少女被掉落的钉子扎伤。

在儿童期接种破伤风疫苗可有效预防此病。2011年东日本大地震中，有10人罹患破伤风，其中多数是没有接种过疫苗的老人[5]。

如果接种疫苗，就会产生针对破伤风毒素的抗体，达到保护目的。但是，即便接种了疫苗，随着年龄的增长，血液中的抗体量也会减少，对破伤风毒素的抵抗力也会下降。因此，当伤口污染严重时，如果距疫苗接种已超过10年，一般还要再次进行疫苗接种[5]。

关于鲜肉的误区

所谓鲜肉……

"只要肉足够新鲜，就不会出现食物中毒……"这其实是一种根深蒂固的误区。动物的肉只要没有经过充分加热，必然会有食物中毒的风险，这和食材是否新鲜无关。因为和我们一样，动物体内也存在各种微生物。

厚生劳动省会定期提示：生食肉类或食用未充分加热的肉类存在风险。尤其是在烤肉盛行的夏秋时节，厚生劳动省官方推特（现在称"X"）都会放一张猪的图片，还会配上"肉要烤熟才能吃喔"之类的文字。

为什么说鲜肉也很危险呢？

和我们一样，牛、猪、鸡等禽畜的肠道内也有很多细菌栖息，其中不乏对人类有害的细菌，在肉品加工环节，它们可能会附着在肉品表面。绞肉要特别注意，汉堡排必须加热到中心也变色才能吃。因为那些原本附着在肉品表面的细菌，在绞制过程中可能已经深入食物内部了。

造成食物中毒的常见细菌有肠出血性大肠杆菌、沙门氏菌、弯曲菌、李斯特菌等。

近年来弯曲菌引发的食物中毒事件特别多，日本每年有约2000人因其受害，它是引发细菌性食物中毒最常见的细菌。生鸡肉的风险最高，据调查，约有六成的鸡肉能检出弯曲菌[6]。

2016年的日本黄金周期间，出现了因鸡肉刺身寿司引发的大规模集体中毒事件，东京及福冈超过600人受害。一些标榜"新鲜"的食品，即使真的很新鲜，如果有细菌污染，也会引发食物中毒。总之，对于生肉和半熟肉品，避免食用才是预防食物中毒的最佳方案。

肠出血性大肠杆菌就更危险了，哪怕数量微少（从数个到五十个左右），一旦进入人体就会引发症状，产生Vero毒素[1, 7]。在由其引发的严重肠胃炎病例之中，

1　Vero毒素分为VT1和VT2两种，后来的研究发现VT1和痢疾杆菌所带有的志贺毒素是同一种，因此肠出血性大肠杆菌也被称为产志贺毒素大肠杆菌。志贺毒素是以1898年发现痢疾杆菌的日本学者志贺洁的名字命名的。痢疾杆菌的学名*Shigella*也出自志贺的名字。——作者注

6%～7%的人会发展成溶血性尿毒综合征（HUS）或脑病。HUS会引起全身的严重炎症，导致红细胞被破坏、血小板减少、急性肾衰竭等，致死率高达15%。

又是题外话。"大肠杆菌"其实是统称，它们中的多数都生活在人体的肠道内。人类不慎摄入而引起肠胃炎的大肠杆菌是致泻性大肠杆菌（或称为致病性大肠杆菌），肠出血性大肠杆菌就是其中之一。不过，肠出血性大肠杆菌也是统称，具体还能分成好几种。

在区分大肠杆菌时，我们会以表面O和H两种抗原的形态来标识，这样就可以命名特定的大肠杆菌。例如肠出血性大肠杆菌，因为在其表面发现157号O抗原，所以称为O157。准确来说还能分为带有7号H抗原的（O157:H7）以及没有H抗原（O157:H–）两种。

O157引起的食物中毒，每年约有一百到数百起[7]。1996年，大阪府的一所小学发生了因学校配餐引起的集体食物中毒，超过7000名儿童感染，3人死亡（加上19年后因后遗症死亡的儿童，总计4人）[8]。当时事件调查的科学性不够充分，人们怀疑是萝卜芽惹的祸。在媒体添油加醋的报道之下，一时间全国各地的萝卜芽都消失无踪，而引起食物中毒的食材至今不明。

2011年，以北陆地区为中心，三县两市的烤肉连锁店因肠出血性大肠杆菌O111引发集体食物中毒，181人感染，包括两名9岁以下儿童在内的5人死亡。事件的罪魁祸首是炖牛肉[9]。

说到鲜肉引起的食物中毒，我们首先想到的是胃肠炎，但实际上可不止如此。猪、鹿等动物大多携带有戊型肝炎病毒，分布在血液和肝脏中。因此，它们的肉也可能遭到污染，生吃的话，会有患肝炎的风险。戊型肝炎是一种严重的传染病，严重时会导致死亡。

如何预防食物中毒

充分加热食材即可预防食物中毒。大多数病原体在75摄氏度的条件下，加热1分钟以上就会死亡，特别需要注意的是肉的中心部位要彻底加热。儿童、老人、孕妇食物中毒后的恶化风险较高，所以需要特别防范。

另外，肠出血性大肠杆菌不仅存在于肉中，蔬菜等其他食材也可能受其污染。这就是前文提到的萝卜芽遭到怀疑的原因。除此之外，卷心菜、黄瓜、甜瓜等食材也曾引发过问题，可能因为它们接触过动物或被动物粪便污染。因此，蔬菜拿回家后要马上冷藏，切肉的菜刀和砧板也要及时清洗。

因存在李斯特菌感染的可能性，生食对孕妇格外危险。李斯特菌可通过胎盘感染胎儿，易引发流产、死胎、新生儿感染等严重并发症。

日本厚生劳动省会在宣传册中提醒准妈妈们注意饮食，预防李斯特菌中毒，避免食用生火腿、烟熏鲑鱼、肉饼、鱼饼、天然奶酪（未经加热杀菌的食物）[10]。怀孕期间，除生肉外，也要避免食用以上加工食品。

动物的肉是我们赖以为生的食物。而动物和我们一样，与无数微生物共生。有些对动物无害的细菌，却会威胁我们的生命。请牢记，肉要做熟才能吃。

人人都可能遭遇的经济舱综合征

血栓堵塞肺部

2002年韩日世界杯前夕，日本前国脚高原直泰患上经济舱综合征的报道在日本引发热议。高原选手在波兰参加国家队比赛后，经法国返回日本。在狭小的机舱中度过约3个小时后，抵达法国机场的高原选手胸口突然疼痛起来。当然，赛后的脱水状态也是发病的原因之一。

因为这次事件，"经济舱综合征"在日本尽人皆知。这明明是一种专业性很高的疾病，但当我在医院介绍这种病的时候，几乎所有人都知道，令人吃惊。

所谓"经济舱综合征"，是指长时间坐在飞机狭窄的座位上，下肢缺乏运动，血液中的血小板凝结成血栓，当人重新站立，脱落的血栓顺着血流堵塞肺部血管而引发的疾病。在腿部静脉内形成的血栓被称为"下肢静脉血栓"，其脱落后流到肺部引起血管堵塞的疾病被称为"肺血栓栓塞症"。

如果肺动脉堵塞，肺内血液流动受阻，阻碍气体交换（吸收氧气，排出二氧化碳的过程）。患者会突然出现胸痛、呼吸困难、心悸等症状，甚至会出现昏迷。如果体积较大的血栓堵塞在动脉根部，会导致急性心力衰竭，继而引发猝死。

坐飞机时，务必定期做一做伸展运动，并补充水分，以防发生经济舱综合征。

一项为期7年、以法国戴高乐机场到港旅客为对象的调查显示，在飞行1万公里以上的航班中，平均每百万人中有4.8人出现肺血栓栓塞症，而飞行里程少于5000公里的乘客却极少发病，平均每百万人中仅有0.1人[11]。打个直观点的比方，从日本到芝加哥（约1万公里）的肺血栓栓塞症发病率比去新德里（约5800公里）要高得多。尽管从比例上来说，这不算是很大的数字，但考虑到仍有不少乘客会遭遇这种不幸，甚至丧命，我们还是应该采取力所能及的措施。

当然，发生经济舱综合征的场所也不局限于经济舱。商务舱和头等舱的乘客也有可能患病，而在车里，甚至家中，只要环境条件类似，都存在患病的可能。

2011 年东日本大地震灾情期间，因长时间待在汽车等狭小的空间中，或被迫在避难所生活，很多灾民都出现了下肢静脉血栓症。当时，对福岛县的 79 个避难所中的 2217 人开展调查，结果显示约有 10% 的人出现了下肢静脉血栓[12]。

像这样的大规模灾害，不单是灾害本身，随之而来的疾病也时常制造麻烦。下肢静脉血栓症（及其引发的肺血栓栓塞症）就是其中重要的一例。

医院针对血栓的对策

住院也是引发下肢静脉血栓症的危险因素之一。在医院，很多人无法自主运动，或是在手术前后必须静卧。

一旦发生肺血栓栓塞症，院内死亡率高达 14%。而且，40% 以上的死亡病例是在发病 1 小时内死亡的，因此预防格外重要[13]。

医院会根据发生血栓的风险程度，将患者分为"低""中""高""最高"四个等级，针对性地采取措施。具体会根据年龄、手术类型、风险因素的有无（肥胖、恶性肿瘤、重度感染、石膏固定下肢等）进行分类。毕竟每个人发生血栓的概率都有差别。

实际采取的措施包括：穿"医用弹力袜"这类弹性强的袜子，使用抗凝疗法（反复注射抗凝血药物）及间歇性气压疗法等。间歇性气压疗法会将空气充入缠在腿上的气囊中，通过气囊反复收缩和膨胀，防止血流淤积成血栓。这种方法就是对双腿反复加压再放松，和按摩类似。

间歇充气压力泵是医院的常备器械，很多患者都要用。通常很少有人了解这个仪器，所以很多第一次见到它的患者都感觉它颇为神奇，但它却是预防下肢静脉血栓症及肺血栓栓塞症的重要设备。

处理擦伤的正确方法

消毒剂不利于伤口愈合

过去，处理擦伤或割伤，第一步必定是消毒。无论在家还是在学校的医务室，一定常备外伤用的消毒液：酒精、碘液、玛其隆[1]、俗称"红药水"的汞溴红等，不一而足。

但是近年来，研究发现消毒液不利于伤口痊愈，除特殊状况外，一般的伤口其实不必消毒。用自来水仔细将泥沙之类的异物清洗干净就够了，没必要忍痛往伤口上涂消毒液。

1　玛其隆（マキロン），日本第一三共医药保健公司（第一三共ヘルスケア株式会社）的品牌，该品牌的伤口消毒软膏在日本相当知名。

在医院，通常只有较深、需要缝合的伤口会事前消毒，其他伤口用自来水或生理盐水认真冲洗即可。因为长久以来的习惯，不少人都认为伤口需要消毒，甚至有人会抱怨"特意来了医院，竟然不帮我消毒"，但轻伤不消毒才是正确的做法。

可能有人怀疑：不消毒的话，伤口不会化脓吗？的确，如果细菌从伤口处侵入并繁殖，就会引起感染（化脓）。但就像之前提到的，皮肤上本来就有许多细菌附着。消毒确实会消灭这些细菌，可并不能防止后来的细菌进入伤口，所以不如定期把伤口清洗干净。

另外，轻伤通常也无须使用抗菌药，因为没有预防感染的必要。如果伤口被感染，以"治疗"为目的使用抗菌药是合理的，但是以"预防"为目的就完全没有必要了——感染尚未出现就把细菌赶尽杀绝，就像在犯罪发生之前将人逮捕一样。

但是污染严重的伤口除外。例如猫、狗等动物造成的咬伤，相较于普通伤口而言，感染的风险很高，很多时候需要使用抗菌药预防感染。在确认伤口污染程度和患者的疫苗接种史后，还可能需要注射破伤风疫苗。

人们关于伤口处理的观念发生了很大的转变。我们过去认为要让伤口保持干燥，但近年来却发现让伤口保持湿润更有利于愈合，所以在伤口处涂上软膏是个不错的选择。

同是外用药，软膏和乳膏常被搞混，其实二者完全不同。外用药是由药物成分及基质构成的，药物成分无法被直接涂在皮肤上，必须将其溶于基质后才能涂上去。而软膏和乳膏的差别就在基质上。

软膏的基质是油性成分（凡士林等），乳膏在油性成分之外还含有水分。因此软膏黏性较强，保湿力较高，对皮肤刺激较轻。而乳膏水润顺滑，黏性较差，对皮肤刺激较强，不能使用在伤口部位。所以要涂在伤口上的话，请选用软膏。

漱口的作用有限

在医学界，有些过去深信不疑的理论，在之后的研究中才发现是错的。这种例子可不少，伤口处理就是其一。其他还有类似的案例，例如漱口药。

像碘液之类的漱口药，曾被认为有预防感冒的效果，但后来人们发现用自来水就绰绰有余。于是，用自来水漱口来预防感冒就成了当今的常识[14]。在医院，除非有特殊理由，否则也不会以预防或治疗感冒为由给患者开漱口药。

漱口本身的效果也被认为是有限的。关于应对新冠肺炎的方法，医疗人士反复强调"勤洗手，戴口罩，避免密切接触"，其中并没有"漱口"的建议。

漱口或许可以将附着在喉咙附近的病原体冲掉，但是下一秒如果吸入了飞沫，漱口就毫无意义了。这就是为什么在应对传染病时，漱口的重要性并没有那么高。

话说回来，当下合理的观点被后来的研究全盘推翻，这类事例在漫长的医学史中太多太多。哪怕是现在一些有根据的说法，也不过是"暂时的答案"而已。

医疗剧与全身麻醉

常见的苏醒场景

接受全身麻醉手术后，竟然立刻就能开口说话——患者家属常会对此大感意外。

患者从手术室被推出，家属纷纷围拢过来——这是医疗剧中常见的场景。剧中的患者回到病房后，要过一段时间才会缓缓睁开眼睛：

"你终于醒了！"身边的家属喜出望外——电视剧基本都是这么演的。

现实中，很多接受全身麻醉的患者在手术结束时就会从麻醉状态中清醒过来。医生会在手术室里等待患者苏醒，并要求患者动动四肢，回答问题，确认患者意识清晰之后才会将他送出手术室。

很多人认为所谓全身麻醉就是"睡一觉就做完了",但严格来说,全身麻醉并非简单的失去意识。"镇静""镇痛""不动"是全身麻醉的三要素,全身麻醉过程中必须时刻满足这三大条件。

"镇静"指失去意识;"镇痛"指抑制痛觉;"不动"指肌肉松弛(舒缓状态),不产生多余的运动。以上目标都是靠不同的药物来实现的,这就是现代全身麻醉技术。

镇静时,让患者吸入挥发性麻醉气体,或是从静脉注射麻醉药。镇痛和肌肉松弛也都有专门的注射药剂。它们的作用时间都较短,用量也容易调节。手术过程中,必须持续给药,待手术结束后停止,麻醉效果自然消失。但是要消除肌肉松弛的效果,大多数情况下需要用拮抗剂(中和药效的药物)。

读到这里,或许你会有疑问:既然没有意识,感觉不到痛,为什么还需要镇痛呢?

实际上,即便你感觉不到,疼痛仍会对身体造成很大负担,会引发血压上升等异常状况,产生实际的危害。尤其是患者如果在手术期间醒来,疼痛会对身体造成莫大的伤害,因此镇静、镇痛缺一不可。

另外,即使失去了意识,如果肌肉不松弛,仍会因刺激而做出反射性动作（有害反射），这会妨碍手术的安全进行，所以必须使用强效的肌肉松弛剂，抑制有害反射，确保全身肌肉处于完全放松的状态。

处于全身麻醉状态下的患者，其呼吸肌也会麻痹，自主呼吸完全停止（无法靠自己的力量呼吸），所以需要给患者插管连接人工呼吸机，依靠机械的力量换气（空气进出）。

手术结束后，要确认患者已充分清醒，确认自主呼吸完全恢复后再拔管，否则是无法离开手术室的。

基于以上原因，患者从手术室出来时已是清醒状态，绝非昏睡状态。当然，刚苏醒的患者会有点发晕、说话吐字不清的情况，但跟家人交流基本不成问题。

当然也有例外。像心脏手术之类的重大手术，一般仍会在术后持续给药。患者会带着人工呼吸机离开手术室，进入重症监护室。这种状况下的患者在手术后不会马上恢复意识，待其身体状况逐渐稳定，医生会减少镇静剂的剂量，让患者尽可能在没有疼痛的状态下苏醒，在确定患者可以进行自主呼吸后再拔管，计划性地终止人工呼吸。所以，那种"你终于醒了"或者"能不能醒要看运气"的场面并不存在。如今我们通过完善的过程管理，实现了患者的计划性苏醒。

在接受全身麻醉手术时，很多人不免担心"万一醒不过来怎么办"。真的不必担心，药效消失后人会自然苏醒，现代全身麻醉技术非常安全。

"麻醉"与"镇静"的差别

有些医院可以让患者在睡眠状态下接受内窥镜检查（胃镜、大肠镜等）。其实这并不是全身麻醉，准确来说是镇静（根据需要也会配合使用镇痛剂）。被检查者虽然处于睡眠状态，但仍可自主呼吸，无需人工呼吸机，检查真的是在一觉之后就完成了。

但是大家一般并不会想到"镇静"一词，都以为这就是麻醉。经常有人说"照胃镜的时候请帮我'麻醉'"，但这并非真正意义上的"麻醉"。

很多做内窥镜检查的诊所，在网页或招牌上都写着"麻醉"。从某种层面来说，这种错误是故意的，主要是为了方便患者理解。如果写"镇静"，看到的人可能会有些费解。

多说一点，进行小手术的时候不会用全身麻醉，而是采取局部麻醉（局部浸润麻醉）。局部麻醉同样有"麻醉"这个字眼，但是方法和全身麻醉完全不同——将麻醉药局部注入，仅在一定范围内实现无痛的效果。

　　当然，这时的人是有意识的，也能自主呼吸、谈话。例如伤口缝合、拔牙之类的小手术，没必要采取全身麻醉，只在有需要的地方注射麻醉药，暂时去除痛觉就能完成治疗。

　　在进行剖腹产、痔疮手术、腹股沟疝气手术时，则会抑制下半身痛觉，俗称"半身麻醉"，但正确的说法是"蛛网膜下腔阻滞麻醉"。方法是从背部将药物注射进脊椎内的蛛网膜下腔，让下半身麻痹。这样一来，肚脐以下的部位会失去痛觉，只剩触觉。运动神经也会麻痹，所以患者自己无法移动下半身。这种方法和全身麻醉完全不同，患者意识非常清晰。很多时候，医生可以和患者对话，在手术中实时判断患者的情况。

　　麻醉方法还有很多。例如无痛分娩时采用的"硬膜外麻醉"，或是针对特定神经的"神经阻滞"，以及刚刚提到的"蛛网膜下腔阻滞麻醉"，它们统称为"局部麻醉"。

　　在临床中，根据手术的部位、种类、诊疗科别，会适当地组合或分别使用各种麻醉法。当然，具体情况都要交给这方面的专家——麻醉医生来判断了。

第5章

现代医疗常识

生命短暂，艺术长存。

——希波克拉底（医生）

了不起的体温

体温恒常性

假如你测出的体温有38摄氏度，可能会觉得温度好高；如果到了40度，你八成会觉得身体出了大问题；但万一体温计显示的是33度，你一定会认为是体温计出了问题，会重新测一次。

这些温度和平时的体温只有2～3度的差别而已。我们周遭的事物，其温度几乎都会随着环境温度的变化而大起大落。比如在盛夏超过40度，而在寒冬时会降到冰点。然而人的体温仅在一个非常狭窄的范围内波动，这种能力非同小可。

不光是人类，其他哺乳动物、鸟类也都是恒温动物，即体温具有"恒常性"。我们都具备不受环境温度干扰，保持体温相对稳定的能力。

我们脑部的"下丘脑"是体温调节中枢，它是决定体温的司令部。它设定了一个温度，随后身体会将体温自动调节到这个值——热的时候出汗散热；冷的时候就让肌肉颤抖产生热量，同时收缩血管减少热量散失。

感冒时，处于炎症状态下的体温会被设定得比较高，这种状态就是"发烧"，这是促进免疫机能活化的机制。这跟给空调设定温度是差不多的。

温度设定较高的时候，即使让身体冷却，体温也不会下降。无论是冷毛巾还是退热贴只会让人感觉舒服，并不能让体温真正下降。想让体温下降，就必须将下丘脑的温度设定调低，而这只有退烧药才能做到。

不过，中暑的情况则不同——由于人长时间处于高温潮湿的环境，负荷超过了体温调节的能力范围，最终导致体温上升。这被称为"热射病"，不同于发烧，此时冷却身体是有效的手段。

体温计的诞生

直到17世纪初，人们都不知道体温有所谓的"正常范围"。最早发现这一真相的是意大利医生散克托留斯。

在16世纪末，伽利略根据水和空气会随着温度升高而膨胀的现象，制作出了温度计的原型。与伽利略交流后，散克托留斯应用这一技术制造出了带刻度的管状物来测量温度。当然，散克托留斯当时并没有意识到自己的发明的重要性。直到18世纪至19世纪，对患者进行体温测量才变得越来越常见。

如今在医院里，测量体温几乎是所有患者都要做的，是重要的医疗手段之一。住院的病患都有一张体温表，记录体温的变化。医生不仅要了解某一时刻的体温，还要监测某段时间的体温变化。

那么，你通常会测量哪个部位的体温呢？可能很多人都会回答"腋下"。临床中也是如此，基本也是使用家用体温计测量腋下温度。如果想要更准确的体温值，需要将温度计插入直肠或口腔。那些在手术室或是重症监护室里没有意识的病患，通常会用这种方法。这样测得的体温称为"深部体温"，与体表温度相比，误差更小，数值更准确。

发明体温计的散克托留斯，也许无法料到如今的医学这么重视体温测量。而他的成就也不止于此，还有一项名留医学史的重大发现——经皮水分损失。

经皮水分损失是指通过皮肤表面或是呼气时的水分

蒸发，是肉眼看不到的水分流失。一名成人一天的蒸发量为700~900毫升。虽然蒸发量因人而异，但是在能观察到的尿与汗之外，还流失了这么多水分，着实惊人。

散克托留斯为了测量体重，自制了可以悬吊的椅子，持续记录自己的体重。他还测量了自己的进食量和饮水量，以及排泄物的重量，发现数据间存在明显的差值，由此发现了"看不见的水分损失"。

在今天的医学实践中，在调整患者水分平衡、决定点滴量的时候，经皮水分损失是必须计入的重要指标。在那个无法体现其理论价值和必要性的年代，散克托留斯依然发现了经皮水分损失的存在，其洞察力令人钦佩。

窥视身体内部的技术

透视光线

虽说透视扑克牌背面或杯中骰子的点数都是魔术表演的保留项目，但真正拥有透视能力的魔术师并不存在。

但在医院，这种轻松"看透"人体的技术每天都在用。众所周知，通过各种影像检查，无须切开，就可以观察头部、胸部、腹部的内部状态。而人类第一次获得这种技术，是在一个多世纪以前。

1895年，德国物理学家威廉·康拉德·伦琴利用高压真空管，进行有关"阴极射线"的实验。某天，伦琴发现工作台上的荧光屏发出微光。真空管当时被一层黑色卡纸包裹着，但某种"光线"依旧穿透黑纸照到了荧光屏上。

伦琴对此产生了浓厚的兴趣，反复实验。除了卡纸，他也研究了各种其他物质，他发现这种"光线"可以穿透木材、橡胶等材料，但像铅之类的金属就无法穿透。他无疑发现了一种新型"光线"。随后，他用这种"光"照射他夫人的手，不禁大吃一惊——荧光底片上竟然出现了夫人的手骨。

要如何命名这种"光"呢？他以数学中代表未知数的"X"，将其命名为"X光"。

成果发表后，X光举世皆知。在医学领域，X光也是一种非常有价值的技术。有了X光，不管是骨折还是身体里的子弹，医生都能准确诊断。1901年，伦琴因此成就获诺贝尔物理学奖，而"X光"也被称为"伦琴射线"，并作为临床医学术语沿用至今。

自X光发现以来，其应用方式也不断演变。1913年，德国医生阿尔伯特·所罗门对比了三千例乳房切除标本的X光片，发表了以X光判别乳腺癌的方法，这项工作为乳房X线照相术奠定了基础。

到了20世纪20年代，造影剂已得到广泛应用。所谓的造影剂是一种X光无法透过的液体。将之注入胃或大肠之类的管腔中，就可以在特定部位形成阴影，这样就能够看到器官形状和内壁的变化，是名副其实的"制造影子"的制剂。

　　胃造影检查如今是日本胃癌检查项目之一。肠道造影检查（从肛门将造影剂注入大肠）也是医院里常见的检查之一。

　　后来更是研发了可以注射到血管里的造影剂，用于检查脑部及心脏的血管。1927年首次出现的脑血管造影技术，至今仍是治疗脑梗死、脑动脉瘤的必要方法。

　　围绕心脏、负责将血液送到心肌的动脉称为冠状动脉，发源于主动脉根部。冠状动脉分为右冠状动脉和左冠状动脉，左冠状动脉又分支为左前降支和回旋支。如果某个部位的动脉变得狭窄，就会导致狭心症或心肌梗死。从手腕等处插入导管直通心脏，将造影剂注入冠状动脉内，再用X光进行拍摄，就可以看见血管的走向及出现狭窄的部位，继而做出诊断与治疗。

　　这种导管技术是德国医生沃纳·福斯曼于1929年首次发表的。当时，这项技术并没有得到认可，而且人们纷纷批评这一行为的危险性——因为福斯曼把导管从自己的手腕一直插到心脏，还用X光拍了照。彼时他才25岁。

　　但最终心脏导管术还是在临床上得到了广泛应用。也因此，美国医生迪金森·伍德拉夫·理查兹、安德烈·弗雷德里克·考南德，以及福斯曼，三人于1956年

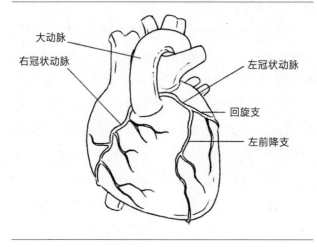

大动脉

右冠状动脉

左冠状动脉

回旋支

左前降支

围绕心脏的冠状动脉

共同获得诺贝尔生理学或医学奖。此时距离福斯曼的惊人之举已经过去27年。那些特立独行的开拓者，其成就往往没那么容易得到世人的认可。

观察身体截面的技术

X光技术在20世纪70年代进一步发展，演变为"计算机断层扫描（computer tomography）"，这种技术可以观察身体的立体剖面图。这种影像诊断技术目前已经普及全球，我们一般简称其为"CT"。

单纯的X光检查无法观察到深层部位，因为X光是从单一方向照射，只能看到物体前后重叠在一起的影像。

而CT则是借助高速旋转的装置让X光环绕人体拍摄，再将数据送到计算机分析，处理为立体影像。因为采用X光进行多角度拍摄，因此可以呈现身体不同位置的剖面。

人体不同组织对X光的吸收和透过率存在差异，而CT图像会用黑白的深浅程度表现这种差异，相关数值称为"CT值"。通常将水的CT值规定为"0"，物质密度越高，CT值也越高。

例如空气的CT值是"-1000"，图像呈现为全黑；而骨骼的CT值是"250～1000"，图像极为明亮（发白）；血液的CT值是"50～80"，比水稍亮一点，这样我们就能分辨拍到的液体是水还是血。

CT值的单位是"HU"，全名为"亨氏单位"。这一名称来自英国工程师高弗雷·豪斯费尔德，他于1972年发明CT，并在1979年获诺贝尔生理学或医学奖。CT是以20世纪60年代发表的理论基础开发而成的，因此，作为基础理论的奠基人，美国物理学家阿兰·麦克莱德·科马克也一同获得1979年诺贝尔生理学或医学奖。

"MRI比CT更好"是误解

使用X光检查的缺点之一，就是患者或多或少会受到辐射。不过，临床上也有不需使用放射线的影像检查。

超声检查是其中之一。所谓超声检查，是向身体表面发送超声波，然后根据回波形成影像。超声波也称为"echo"，是"回声"的意思。这是一种广泛运用于胎儿、心血管检查等方面的技术。除了没有辐射之外，超声波能对观察对象的动态进行实时监测，这也是一项优点。这项技术在1940年投入使用，之后逐渐普及。

另一种就是磁共振成像检查（MRI），即利用磁场根据不同组织的水分含量差异绘制对比影像图。它和CT一样可以观察身体的剖面，优点也是没有辐射。

几种技术有着完全不同的原理，所以呈现的影像也完全不同。医生会根据疾病的特点单独或是组合使用它们来帮助诊断。

CT检查只需要几分钟，而MRI检查需要30～40分钟。因为会被长时间关在狭小的空间里，所以在进行MRI检查前，必须确保患者没有幽闭恐惧症。

MRI检查室有非常强烈的磁场，严禁携带金属入内。如果不小心把金属（磁性物品）带进去，会被磁场以极高的速度吸进设备里。2001年，美国就曾发生氧气瓶飞入设备撞击男孩头部，最终造成死亡的事故[1]。金属瓶的重量结合飞来的速度，没人能承受这样一记重击。

常有人以为MRI检查比CT更好、更准确，其实不然。要知道，术业有专攻，这对超声检查也同样适用。有的疾病用超声波能更清晰地辨明，也有疾病采用MRI检查更有效。

2003年，发明MRI的美国化学家保罗·劳特伯和英国物理学家彼得·曼斯菲尔德共同获得了诺贝尔生理学或医学奖。

窥视人体内部的技术至今在医学界已经多次斩获诺贝尔奖，并从根本上改变了临床诊断。而最值得赞叹的是，这些技术进步都是在最近百余年间发生的。

回首往昔，那个没有X光、CT、MRI的时代，那个只能依靠体表信息进行诊断的时代，持续了数千年之久，如今终于迎来被现代医学技术惠泽的时代，也是我们身处的时代。

听诊器与两种声音

听诊器的发明

最具代表性的诊察手法就是看（视诊）、听（听诊）、触（触诊）、问（问诊）。其中听诊是每个人都接受过的诊察手段。医生会把听诊器贴在患者胸前或背部，这种场景在诊室里很常见。

其实，听诊的历史非常悠久，从古希腊时期就有了。但是，那时医生都是直接把耳朵贴在患者胸部。而使用听诊器是19世纪的事情了。

发明听诊器的是法国的医生何内·雷奈克。他在为一名患有心脏疾病的年轻女性看病时，因不想把头贴在对方胸部而用自己卷成的纸筒来听诊。

雷奈克发现，使用纸筒时，明明离胸腔更远了，听得却更清楚了。于是，他自己制作了木制圆筒，并将其命名为"听诊器（stethoscope）"。随后，他又将听诊时听到的声音结合胸内疾病的解剖结果进行详细的研究。1819年，雷奈克将研究结果以"间接听诊法"之名公开发表，奠定了听诊技术的基础。他不仅制作了方便的工具，连"什么疾病对应什么声音"都作出了详尽解释，正是这种探究精神让他名留青史。

之后听诊器被不断改良，至19世纪下半叶，最终演变成如今用橡胶管通入两耳的外形。

听诊器的价格各有高低，在日本，每位医生会根据自己的喜好和需求自行购买。很多医学生在实习时常会买简易品，成为正式医生后才会买更正规的听诊器。当然，这都是自掏腰包，工作单位是不给报销的。

近年来也有商家研发出了电子听诊器，可以放大声音，听到的声音也可以录下来之后重听，很适合用于教学。虽然它使用简便，但因为需要电池，所以听诊头的部分很重，目前普及度不高。

死亡认定的必要条件

医生到底用听诊器听什么？他们好像只是把听诊器

随便地贴在患者胸口和背部的什么地方。实际上，听诊
有既定的步骤。

听诊要听的主要是心音和肺音。心音可以确认心脏
是否有问题，肺音可以确认肺或气管是否有异常。听诊
器置放的位置也是固定的，基本如下图所示。

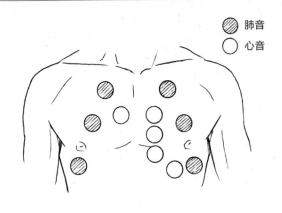

心音和肺音的听诊部位

黑色圆圈（◙）是听肺音，白色圆圈（○）则是听
心音。听肺音时，背部的对应位置也要听诊。但这套基
本流程并不是每个人都要全部做完。除了听诊，还有其
他方法可以获知具体病情，听诊的重要程度会根据症状
的不同而有所差别。

当然，如果让所有患者都脱掉上衣进行听诊，那医院必定会大排长龙。所以，医生会根据患者病情的轻重缓急选择不同的诊察方式。

另外，听诊器不仅可以放在胸部和背部，如之前所讲，还可以用来听血管的声音，或者放在腹部听肠鸣等。当然，也不只是医生，护士等其他医疗人员工作时都会使用听诊器。

而且，听诊器不光可以用在活人身上，在判定死亡时也一定会用到。

判定死亡时，要确认听诊器听不到心音和肺音。再用笔灯照射瞳孔，确认是否存在对光反射——对光反射消失则表示脑部功能停止。

所谓对光反射，是指眼睛受光线刺激时瞳孔会缩小（缩瞳）的反射。眼睛借此就能根据环境光强自动调整进入眼睛的光线。我们的瞳孔直径可以在0.2秒的时间内，从最大约8毫米瞬间缩小到1毫米。因此只要用光照射眼睛，马上就能知道对光反射是否存在。

爱因托芬三角形

想要从体表获取心脏的活动状态，常会用到心电检

爱因托芬

查。我们在第1章说过，心跳是靠心肌内的电流传导来控制的。从体表测量这些电流活动并用波形图呈现出来的就是心电图。

一般的心电检查会在手脚及胸部表面贴上10个电极，测量12种电流的方向性活动，因此也称之为"十二导联心电图"。检查过程中完全没有疼痛等不适感，只要躺下来贴上电极就可以了。

当心脏出现问题时，心电图的波形会出现特征性的变化，所以心电图是诊断心脏疾病时极为重要的手段。

心电图的临床应用是从20世纪开始的。1903年，荷兰生理学家爱因托芬首次发表心电图测定法，之后被临床广泛采用。他也因此获得1924年诺贝尔生理学或医学奖。在心电检查时，左右手与左脚的电极间形成一个三角形，现在也被称为"爱因托芬三角形"。

日本人发明的划时代的医疗器械

红细胞和血红蛋白

在日本，每年因年糕噎住造成窒息而送医的患者甚多，仅东京消防厅辖区内，每年约有100例，半数以上发生在12月和1月[2]，这和过年时吃年糕的习俗有关。

喉咙被异物卡住会造成呼吸道堵塞，抢救时间只有短短几分钟。如果无法获得氧气，脑部很快就将丧失功能，随后心跳停止。我们的身体器官如果无法正常获得氧气就无法运作。总之，没有氧气我们无法生存。

我们是如何从外界摄取氧气呢？

首先，呼吸让空气通过气管到达肺部。随后，空气中的氧气进入肺部丰富的毛细血管中。血液在全身不断循环，将氧气供给各个器官。

担负运输氧气这一重任的细胞就是红细胞。如果把红细胞比作将氧气送达全身的货车，那"车斗"就是血红蛋白。红细胞内的血红蛋白会将与之结合的氧气分离出来，就像在各个地方"卸货"一样。

刚刚说过，有很多呼吸困难的患者被送进医院，而原因除窒息外，还有肺炎、哮喘等肺部或支气管疾病，此时就必须用氧气面罩等进行辅助呼吸。

怎样才能知道氧气的缺乏程度呢？

全身利用的氧气都来自血液。因此，可以抽血测量血液的血氧饱和度（氧气溶在血液里的量）。实际上，从手腕的动脉采血来测量血氧饱和度，是医院每天的例行公事，也称为"血氧浓度检查"。

但这个方法有个很大的缺点——测量结果只是采血时的状态。假如1分钟后患者病情急转直下，迅速缺氧，用这种方法是无法及时反映实际状况的。而现实中的重症患者，病情时刻都会发生变化。

"你有肺部重症，因为不知道什么时候病情就会突然恶化，所以从今天开始每隔1分钟就要进行抽血检查。"如果医生这样跟你说，想必你是要崩溃的。

还有一个问题，就是对于失去意识的人，我们很难知道他是否缺氧。例如全身麻醉手术中，病人的呼吸是完全停止的，需要借助呼吸机进行换气，如果此时患者肺部发生任何问题，你别指望他开口说一句"我喘不上气"。

有没有像测量血压、脉搏、体温那样，在不侵入身体的前提下就得知血氧浓度的方法呢？一位日本人最终解决了这个难题。

载入医学史册的伟大成就

任职于医疗器材制造商——日本光电公司的研究员青柳卓雄，就是如今世界范围内广泛使用的脉冲式血氧仪的发明者。

青柳注意到，与氧气结合后的氧合血红蛋白和没有结合氧的脱氧血红蛋白，对红光的吸收能力存在差异。因此，富含氧气的血液会呈现鲜红色，而缺乏氧气的血液则呈现暗红色。脉冲式血氧仪就是通过体表来观测不同血液对红光的吸收差异的设备。这样就能知道"载货车"和"空货车"的比例。

将脉冲式血氧仪夹在手指上，立即就可以推算出血氧浓度并以"百分比"表示出来，还会根据指夹传来的数据进行实时监测，非常方便。

日本光电公司的官方网页上，有一篇题为《青柳卓雄与脉冲式血氧仪》的文章，介绍了脉冲式血氧仪研发背后的故事[3]。

1974年，青柳在日本医学电子与生物逻辑工程学会上首次发表相关理论，并于次年将脉冲式血氧仪商品化。但当时这项发明并未引起足够的关注，研发被迫中断。后来，美国发生多起接受全身麻醉手术的患者因缺氧而死亡的事故，脉冲式血氧仪才再度受到关注。

1988年，日本光电公司再次发售脉冲式血氧仪。当时青柳预言："眼下的主流仪器是单体仪器，但整合型生理监测仪才是未来的发展方向。"

所谓生理监测仪，是可以实时测量血压、脉搏、体温等重要生理指标的仪器，临床上常称之为"生理监测仪"或"监控"，相当常用。

当然，现在这类仪器已经包含了脉冲式血氧仪的功能，青柳的预言已经成为现实。使用脉冲式血氧仪得到的血氧浓度值被称为"SPO_2"，是了解患者状态的重要指标。

SPO_2中的S是指Saturation（饱和度），P是指Percutaneous（通过皮肤），O_2则指氧气，那么，SPO_2也就是"经皮测定血氧饱和度"的意思。这个数值正常

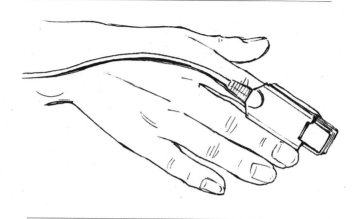

脉冲式血氧仪

状态下为96%～99%，也就是说健康状态下数值应接近100%。血液通常都是这种充满氧气的近饱和状态。

2015年，青柳成为首位获得美国电气电子工程师协会医疗技术创新奖章（IEEE Medal for Innovations in Healthcare Technology）的日本人。

2020年，新冠肺炎疫情肆虐全球，脉冲式血氧仪大显身手。而同年4月，青柳84载的人生也悄然落幕。尽管他去世的消息未被广泛报道，但无论是对医护人员，还是对全世界的患者来说，他的发明无疑是值得载入史册的成就。

氧气瓶和呼吸机

空气的组成

人一旦缺氧，就要为其提供额外的氧气。在空气中，氮气占78.1%，氧气占20.9%，稀有气体为0.93%，二氧化碳只占0.04%。我们平时吸入体内的，就是这些成分组成的混合气体。所以当我们提到"缺氧"时，其实是指空气中那20.9%的部分。

那么，要怎么把氧气输送给缺氧的人呢？

方法主要有两种，其一是使用氧气瓶。氧气瓶可搬运，固定在病床上可在移动中为患者持续供氧。瓶内的氧气被高压充入，所以钢瓶很重（根据尺寸不同，重量从几公斤到数十公斤都有），会放在专用的立架上，并使用推车搬运。

　　不过，氧气瓶的容量是有限的。医院里需要氧气的患者很多，光靠氧气瓶无法完全满足需求，而且每次用完还要换气瓶，效率很低，所以给患者提供氧气还有另一种方式，就是设置气体管路。在病床旁或手术室的墙壁上，会有医疗气体的专用供气口，只要插上输气管就可以方便地获得氧气。

　　氧气厂会定期用卡车或槽车把液态氧送到医院，补充医院在户外安装的大型液氧罐。氧气会被遍布医院的气体管路送到需要的患者那里[4, 5]。

　　不同来源的氧气可以使用鼻导管、氧气面罩等各种器材提供给患者使用。有些病人也可以使用人工呼吸机等设备。总之，供氧的方式要根据患者的实际情况酌情选择。

　　人工呼吸机诞生于1838年，刚问世的呼吸机与现今的模样截然不同。当时需要将患者脖子以下的部位都放入机器中，再调降机内气压来扩张胸腔，实现患者的呼吸，这就是负压式呼吸机。

铁肺

　　从原理来看，负压式呼吸机比较接近人体呼吸系统

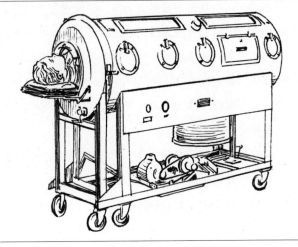

铁肺

的运作方式。呼吸并不是把空气从口腔灌进身体，而是通过呼吸肌扩大胸腔的空间，让空气自然地流入肺里。早期的负压式呼吸机是纯手动的，20世纪20年代，电动的负压式呼吸机问世。自此，它便以"铁肺"之名广为人知。

20世纪30年代后，"铁肺"得到广泛普及，其原因是脊髓灰质炎（小儿麻痹症）的大流行。脊髓灰质炎病毒常会侵犯中枢神经，引发严重的神经障碍，造成下半身及呼吸肌麻痹。呼吸肌麻痹的患者无法自主呼吸，需要在"铁肺"中待1～2周进行治疗，等待恢复。在小儿麻痹症大流行时期，医院内成排的"铁肺"为大量病患提供治疗。

医院现今使用的正压式呼吸机出现于20世纪50年代，是一种将导管插入气管中，从内部扩张肺部的人工呼吸机。

现在的人工呼吸机逐步小型化，可以在医院轻松搬动。有需要的患者也可以用租赁的方式在家使用。

再说句题外话，由于疫苗的普及，全球小儿麻痹症患者的数量剧减。虽然此病尚未根绝，但是从世界卫生组织于1988年公布小儿麻痹症根除计划以来，患者已减少99%以上。在日本，儿童会定期接种包含小儿麻痹症疫苗的四联疫苗，如今几乎没有人会因罹患小儿麻痹症而使用呼吸机了。

开洞做手术

肚脐开洞也没问题

接受腹腔镜手术的患者，听说"要在肚脐上开个小洞"，常会被吓一跳。大家对于肚脐都有特别的情结，总觉得在这儿开个洞会很不妙，坐立不安。

肚脐是胎儿脐带和母体连接的部位，是一个退化了的组织。胎儿浸泡在羊水里时，既无法呼吸，也不能进食，所以通过脐带与母体交换氧气和二氧化碳，获取营养。母亲的血液流经脐带，将营养物质从胎儿的肚脐送入体内。

其实在我们的体内，肚脐和肝脏、膀胱之间也有相连的残留组织，分别称为"肝圆韧带"和"脐正中韧带"。虽然这些管腔已经闭锁，自胎儿出生后就丧失了功能，但它们曾是胎儿在母体里维系生命的通道。

胎儿出生后可以主动呼吸或进食，所以肚脐就失去了存在的意义，手术时切开也不会有什么大问题，甚至有基于某些原因而把肚脐整个切除的情况。在日本，传说在打雷的日子要把肚脐藏起来，否则会被小鬼偷走。但事实上，肚脐被偷走也没什么啦。

肚脐原本是腹腔通向外部的出入口，所以缺少坚硬的肌肉和筋膜，特别薄。换句话说，通过肚脐很容易安全地抵达腹腔内部。从这个角度来说，肚脐确实是手术开洞的首选。

一般来说，腹腔镜手术首先会在肚脐处开洞，再插入一种叫"穿刺套管"的圆筒状器材，然后把摄像机放进去。接下来，医生一边观察腹腔环境，一边在其他位置也开几个小洞，同样插入穿刺套管。医生一边看实时影像，一边用取物夹那样的工具（钳子）进行手术，就和园艺上用的高枝剪一样。

由于腹腔内一片漆黑，所以摄像机前端带有强光源，只有这样才能进行手术。

以往的腹部手术一般都是在腹部正中央切开一道口子的"开腹手术"。近年来，腹腔镜手术快速普及，很多手术都是借助摄像机进行的。虽然都是腹腔手术，但是腹腔镜手术使用了高画质摄像机，可以呈现超越肉眼精细度的微距影像，这正是它的优点之一。

而且，过去绞尽脑汁也很难观察到的腹部深处，现在也可以利用类似潜望镜的相机观察到。为医生提供更清晰的视野，这也是腹腔镜手术的另一大优势。

除了腹部，同样的方法也在胸腔手术中快速普及。胸腔镜手术的原理也是一样的，即使是被肋骨包围的狭小又深邃的空间，也可以放入摄像机看到精细的影像。

腹腔镜、胸腔镜这类将摄像机放入体内实行的手术，统称为"内窥镜手术"。1980年完成的一例胆囊摘除手术是世界上首台内窥镜手术。随着摄像机愈发精密，内窥镜手术适用的范围越来越广。现在，几乎胸腹内所有的器官都可以采用内窥镜手术。

不过现在仍有患者必须接受开腹、开胸手术，这些传统手术并不会销声匿迹。虽然内窥镜手术应用越来越广，但也要结合病情来选择合适的手术方式。

机器人也能做手术？

2018年的医疗剧《黑色止血钳》中，出现了名为"达尔文"的医疗机器人。而现实中也的确存在

"达·芬奇机器人辅助外科手术系统"。电视剧中，天才外科医生渡海征司郎坐在控制台上的身姿和现实中的外科医生别无二致。

手术辅助机器人——"达·芬奇机器人辅助外科手术系统"由美国直觉外科手术公司研发，于1999年上市。显而易见，这个名字取自文艺复兴时期在解剖学上造诣颇深的天才——列奥纳多·达·芬奇。

内窥镜手术也可以借助机械臂来操作。大家听说是"机器人手术"，都误以为是"机器人"来做手术，其实并非如此。只不过拿着"钳子"的变成了机械臂，而操纵者还是人类。当然，摄像机也是通过机械臂控制。因此正确的说法应该是"机械臂辅助手术"。

机械臂手术可谓优点多多。首先，机械臂对钳子的操控更灵活，在体内的运动更自如；其次，操作全程是坐着完成的，减轻了操作者的疲劳感；最后，通过3D影像可以获得接近肉眼的视觉效果。"运动缩放（motion scaling）"功能可以缩小运动幅度——手挪动5厘米，但机械臂只移动1厘米，这种精细操作能力也是优点之一。

在日本，针对前列腺癌的机器人手术于2012年被列入医保范畴。深埋于骨盆深处的前列腺是最能让手术辅助机器人大展拳脚的器官之一。随着针对消化道、心脏、妇科的机器人手术在2018年相继划入医保，机器人手术逐渐普及开来。

2019年，全球市占率超七成的"达·芬奇"机器人专利到期。手术辅助机器人的研发竞争日趋白热化。几家日本企业也投身其中，日后的发展值得期待。

对内窥镜的误解

提到"内窥镜"，大多数人首先想到的是胃镜和大肠镜。这些当然属于"内窥镜"，能看到消化道里面，也就是食道、肠胃的内腔。与之相反，腹腔镜、胸腔镜可以看到消化道的外壁，但看不到内腔。消化道内外是两个截然不同的世界。

严格来说，消化道与外界相通，所以消化道内部不是体内环境，而是体外环境。包括口腔在内，消化道中有很多细菌和我们共生，而被消化道壁隔开的空间才是真正的"体内"，是无菌空间，也就是腹腔镜和胸腔镜所看到的地方。

用腹腔镜进行胃癌或大肠癌手术时，因为看不到消化道内腔，所以当癌症处于外壁尚未出现变化的早期

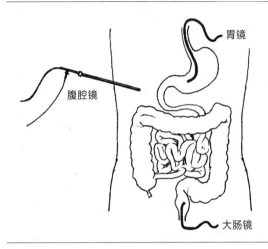

内窥镜可以看到哪些部位？

阶段时，无法判断病灶的具体位置。在以前的开腹手术中，医生会用手触摸来确认位置，但腹腔镜手术没办法把手伸进肚子里，如此一来，外科医生就搞不清切除的位置该在哪里。

　　因此，医生通常会在正式手术前使用胃镜或大肠镜在肿瘤附近注入特殊的墨汁，让外壁透出黑色，以便确认位置；或是在手术中同时使用胃镜或大肠镜，以便确认切除的部位。

　　可见，同样是内窥镜，但用途完全不同。

最早的胃镜

人类首次对胃内进行活体观察发生在1868年。德国医生阿道夫·库斯莫尔请吞剑艺人来帮忙完成了这次试验。当时使用的是一根金属直管。

而研发出世界上第一台胃镜，并拍到胃内影像的是日本企业奥林巴斯，时间是在1952年。因为当时只能拍摄静止的照片，所以胃镜也被称为"胃内摄影机"。此时的胃镜是由柔性材料制造，可以弯曲。

20世纪60年代，终于实现了对胃内的实时观察，这得益于一种能传导光线、可弯曲的新材料——玻璃纤维的出现。后来，随着影像技术的进步，内窥镜技术迅猛发展，如今，我们已经实现了高清影像的实时传输。

近年来，原本用于观察的胃镜和大肠镜，也逐渐被使用于早期胃癌和大肠癌的切除治疗，一般称之为"内镜治疗"。尽管病灶过深仍需专门的手术治疗（强行切除会造成穿孔），但浅层的癌变不用动大手术就可以搞定。

在消化道内窥镜市场中，奥林巴斯以七成的市占率傲视全球，是该领域中居于领导地位的日本企业[6]。

进步惊人的手术器材

冠以人名的钢制器具

　　手术现场所使用的不少金属器械都是以人名来命名的，而且多半都是冠以研发者的名字，例如柯克钳、佩昂止血钳、克氏钳、梅奥剪刀、爱丽丝钳、巴柯氏钳、德贝基钳、爱迪生镊等，数不胜数。这些器械的形状和用途各异，医生会视情况选择。手术中，大量器械被摆在手术台上，护士会根据医生的要求逐一把器械递过去。

　　因此在手术过程中会不断跳出人名。用日本人的名字来打个比方就是——"铃木！""佐藤！""本田！""山本！""齐藤！"（以日本名字命名的器械很少，但也确实存在。）

　　这些金属器械经过严格的灭菌后，会重复使用。但近年来医疗器械厂商开发出大量电子手术器械。它们大多是一次性的，用完即扔。

以往我们会用金属剪刀割开皮肤，并用线结扎血管来止血。但如今，可以在切开的同时凝合伤口止血的电子工具越来越多。它们在手术室中统称为"电子器械"。

厂商给这些工具取的名字都超酷——"双极高频电刀（奥林巴斯）""超声刀（强生）""结扎速（美敦力）"等，听起来相当高端，更像是机器人或者武器之类的。不光是名字，外形也很像武器。面对如此之多的手术器械，想必那些器械迷会兴奋不已。随着技术的进步以及高性能工具不断出现，现代手术变得更加安全。

当然，除电子器械之外，还有很多好用的手术器械不断出现。最具代表性的就是自动缝合器。

消化道是食物的通道，是从口腔到肛门的单向路，不管切除哪一部分，都必须将上下游缝合起来。

过去，所有的缝合都是靠医生的双手，但是近年来很多缝合工作都交给机器来处理。这就像手和缝纫机之间的差别。自动缝合器使用类似订书钉的金属针，以细密的间隔移动，很快就可以完成缝合。

尽管需要手缝的情况依然存在，但是随着时代的进步，各种工具层出不穷，为大众提供了更安全、更稳定

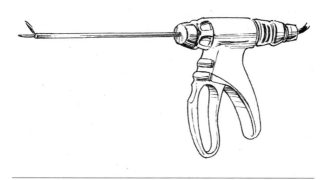

电子器械

的治疗条件。

在医疗剧的手术场景里，天才医生总是剧中的焦点。这种天赋异禀、医术精湛到无人可及的圣手神医总是广受欢迎。

但现实中，轮到自己要接受手术，那就另当别论了，想必各位都希望各家医院的医生水平都同样高超吧。相较于那种"无人可及"的技术，"人人可行"的技术更利于普及，造福大众。而这些高效的医疗器械对技术的普及贡献良多。

缝纫和手术的区别

　　之前我把手术比喻成缝纫，但是从针的角度看，手术和缝纫完全不同。手术所用的针与缝纫用的针差别极大，与其说是针，其实更像鱼钩，因为手术用的针有明显的弯曲（也有直针，但不太常用）。

　　此外，拿针的方式也跟缝纫不同。手术时会用一种叫"持针器"的金属工具来拿针，医生运动手腕，配合针的曲度来缝合。针的种类繁多，医生可根据手术需要选择各种曲度和粗细的针。

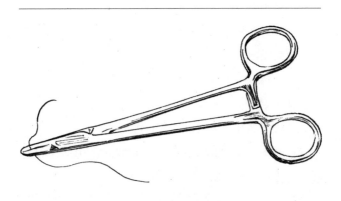

持针器和弯曲的针

线的粗细与材质也有讲究。手术时要从中选择合适的种类。有一种"可吸收缝线"，能被人体分解吸收。可见科技的进步也推动了缝线的发展。

缝线的粗细用数字表示，数字越大，缝线越细[1]。细腻的组织或血管要用细线，而较强韧的组织就要用粗线。

手术刀并不常用

提到外科医生的工具，首先想到的一定是手术刀。但手术刀其实并不常用。在很多手术中，切开皮肤的那一刀之后，手术刀就被扔在一旁。在医疗剧里，医生大喊"手术刀"的场景并不少见。但现实中，手术刀在整台手术中的登场机会往往只有一次。

比手术刀更常用的是"电刀"，它和手术刀一样好用。电刀在切开皮肤的同时，会用高温凝固毛细血管的出血。

人休有大量毛细血管，因此使用锐器极易造成出血。而电刀就可以有效解决这种问题。

1　此处仅指小于1号的缝合线。美国药典委员会（USP）规定，小于1号的缝合线，以1-0，2-0，3-0等号码表示，前一位数字越大，缝合线越细。大于1号的缝合线在临床上使用较少。

在外科诊疗方面，我们对器械进步带来的益处颇有感触。短短几年间，新产品层出不穷，手术质量也大幅提升。电脑、电视的性能相较于一二十年前已经进步了很多，手术器械的性能更是日新月异。

为什么手术袍是蓝色的?

减轻视觉疲劳

提到医护人员的服装，或许很多人的印象都是白色。诚然，医生、护士都是白衣天使，但是在进行手术或治疗期间，医护人员穿在身上的一次性用品，绝对是蓝色系居多。回想一下电视剧里的手术场景：口罩、发帽、手术袍、手术台上的垫子，都是淡蓝色或绿色。

为什么呢?

因为蓝色和绿色是红色的互补色。

在一些情况下，患者出血较多，医护人员会长时间注视红色。如果床单、手术袍是白色的，在视线移动的时候，会产生青绿色的残影，这就是所谓的"补色残像"。如果周围物品使用蓝色，就可以减少残像，减轻视觉疲劳。

常用的"一次性用品"

医院最常使用的一次性用品就是口罩。医护人员一般使用的无纺布口罩称为"外科口罩",大多也是蓝色的。

外科口罩有两种类型,一种是耳挂式,一种是带子绑在头后的绑带式。从穿戴的方便度来说,当然是耳挂式比较好。

但是耳挂式有个缺点,就是无法配合脸部大小来调整松紧度。脸太小,口罩马上就会滑下来,但医生在手术中戴着灭菌手套,双手不能碰触面部,即使口罩滑下来也没办法自己戴好。因此要进行长时间的手术时,大多数医生都会选择不容易滑落的绑带式口罩。

此外,长时间使用耳挂式口罩还会导致耳朵痛、起疹等问题,因此有的医生在手术室外也选用绑带式口罩。

绑带式也有缺点,在头后上下要绑两个结,佩戴麻烦,而在眼睛看不到的地方打结也相当不便。

现实中医生会考虑用品特性,并结合自身喜好和需求去选择。

令人窒息的N95

还有一种在医院经常出现的"N95口罩"。在诊疗存在经空气传播风险的传染病时，医护人员会基于预防感染的目的佩戴这种口罩。

经由空气传播的传染病，最具代表性的就是麻疹、水痘、结核病。患者的飞沫会随着咳嗽、打喷嚏飞散而出，成为感染源，这就是飞沫传播。当飞沫的水分蒸发后，感染源变成了更小的粒子，也可以通过空气传播。这些小粒子称为"飞沫核"。飞沫核的直径在5微米以下，也就是1厘米的1/200以下。

飞沫含有水分，比较重，所以飞散没有多远就会快速下落。但飞沫核很轻，可以长时间悬浮在空气中，即使人离得较远仍有感染的风险。

外科口罩无法隔绝直径小于5微米的粒子，但N95口罩可以隔绝直径小于0.3微米的粒子，因此可以预防通过空气传播的传染病。

话说回来，佩戴N95口罩会让人呼吸困难，几乎不可能长时间佩戴，因此在医院里也只有在有限的情况下才会使用。比如在治疗高传染风险的疾病时，医生才会短暂使用。当然，我们更不会建议患者佩戴。

　　有时在路上也会看到佩戴N95口罩的人，如果使用规范的话，很难想象憋着气走路会有多难受，因此我推测口罩跟皮肤没有紧密贴合，留有缝隙。但这样预防感染的效果就会大幅降低，还不如佩戴市售的无纺布口罩更有效。

为什么血液是红色的?

输入身体的血是透明的

输血就是"把红色的液体输入体内"——这种观念在大众中相当普遍。但实际上,除红色的液体外,有时候还会输入透明、略带黄色的液体——是不是很惊讶?

血液的成分中,只有红细胞是红色的。我们常说血液是红的,但除红细胞之外,其他成分都不是红色的。

例如擦伤后,伤口会有透明的液体渗出,这种渗出液也是血液的一部分。这种促进伤口愈合的必要成分会透过血管壁渗透出来。但由于它不含红细胞,所以不显红色。

那么,血液的成分都有什么?

血液的45%是细胞,剩下的55%则是血浆。细胞中

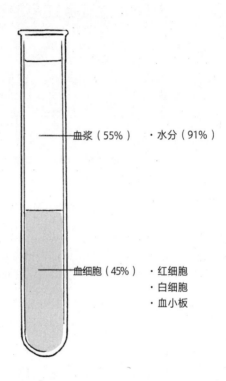

血浆（55%）　·水分（91%）

血细胞（45%）　·红细胞
　　　　　　　·白细胞
　　　　　　　·血小板

血液的成分

的绝大部分都是红细胞，白细胞和血小板只占1%。血浆的91%都是水，其余则是各种蛋白质、葡萄糖、电解质等物质。

现在临床使用的输血方式称为"成分输血"，也就是只把血液成分中不足的部分输入患者体内。缺乏红细胞的人输入红细胞制剂，血小板不足的人输入血小板制剂，还有人则需要血浆制剂。这些制剂中也只有红细胞制剂是红色的。

"直接输血"并不存在

电视剧中，常会看到患者家属说："如果血不够，可以用我的！"

现实中，我偶尔也会听到有人这么说，但是如今原则上不会直接进行"全血输血"，而是会花一些工夫，先将全血制成各种血液制剂，再进行输血。

医院首先会把收集到的血液中的白细胞去除，并将红细胞、血小板、血浆分离，再确认是否含有会经血液传播的病毒（HIV、肝炎病毒等）和细菌。

HIV、乙肝病毒、丙肝病毒等很多病原体，即使感染之后也不会马上出现症状，来献血的人可能根本不知道自己已经感染。检查后如果怀疑血液含有这类病毒，就不会用其生产血液制剂。

用放射线处理制剂的步骤也很重要。放射线会让血液中残存的白细胞失去增殖能力。因为尽管在初期就已经除掉了大部分白细胞，但仍会有漏网之鱼。

淋巴细胞是白细胞的一种，负责抵御来自体外的细菌、病毒等病原体。如果淋巴细胞进入他人的身体，会大量增殖并对受血者的身体发起攻击，引发周身性的严重反应，这就是GVHD（移植物抗宿主病）。用放射线照射血液制剂正是预防GVHD的有效方法。

然而，我们无法确保血液制剂完全不含病毒。虽然概率很低，但是仍有极少数病毒会逃过检测。尤其是献血者处于感染初期（空窗期），病毒非常难以检出。

因此如果有人被认定存在感染的风险，他就不能参与献血。日本红十字会规定，过去6个月内存在与不特定异性或与陌生异性性行为、男性同性性行为，使用过兴奋剂、毒品，或HIV检测结果呈阳性（包含6个月前）的人，以及曾与符合上述描述的人员有性行为的人，均不可献血[7]。

在日本，保健所等机构都会提供肝炎病毒及HIV的检测服务，保健所内通常都会有提供匿名免费检测服务的窗口。如果想参与检测，推荐到这类机构咨询。

令人屏气凝神的自然真谛

至此，关于人体的重要疑问仍然没有得到解答——到底红细胞为什么是红色的？

因为血红蛋白中含有铁元素。血红蛋白由血红素和珠蛋白构成，而血红素是一种在"卟啉"框架中嵌入铁离子形成的结构。这里提到的卟啉，是一种由碳、氢、氮三种原子按一定规则排列形成的环状有机化合物。

由金属离子与其他物质结合所形成的络合物[1]，常显现出特有的颜色。络合物是高中的化学知识，或许有些人对此还有模糊的记忆。作为含铁络合物，血红素就呈红色。

血液中含有铁，这是常识。血液在嘴里有明显的铁味，而铁元素缺乏就会造成贫血，这些知识也是尽人皆知。

另外，植物之所以呈现绿色，正因叶绿体中含有一

1　即配位化合物，由中心原子和围绕它的分子或离子完全或部分通过配位键结合形成的化合物。旧称错合物、络合物。

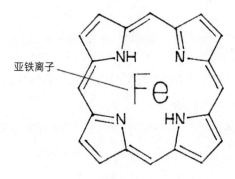

亚铁离子

亚铁离子（Fe²⁺）嵌入→血红蛋白

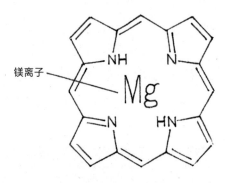

镁离子

镁离子（Mg²⁺）嵌入→叶绿素

血红蛋白与叶绿素

种叫"叶绿素"的色素，而叶绿素与血红素在结构上惊人地相似——在卟啉的中央嵌入镁离子所形成的含镁络合物就是叶绿素。

植物利用叶绿素吸收光能，进而产生氧气，这就是光合作用。而与叶绿素构造相同的血红素则在动物体内肩负着运输氧气的重任。思考生命演化的历程，不禁感叹自然法则是何等精妙。

在自然界中，可以担当输氧大任的可不止血红素一种。诸如部分昆虫、虾、蟹、乌贼、章鱼之类的生物，使用一种含铜络合物——血蓝蛋白运送氧气。它们血液呈现出的青蓝色，就源于铜元素。

自然界中的生物，吸收金属元素并加以妙用。这些外观大相径庭的生物，血液输氧的方式却极其相似，耐人寻味。

关乎生存的生理机能非常关键，这使截然不同的物种产生了相似的生理系统。这些令人赞叹的生理机能，也正是自然选择所产生的必然结果。

结　语

心跳让血液奔流不息。

食物让躯体充满活力。

小小的受精卵，终成强大的人体。

襁褓中的新生命，继承双亲的特质。

人体精巧无比，美丽，又神秘。

如此精巧的构造，让人不禁怀疑是否存在什么看不见的超自然力量在幕后操纵着一切。但事实上，所有现象都可以通过化学和物理规律加以解释。所谓医学，就是在漫长的岁月中，将这些神秘现象一一阐明的科学。

人体和广泛存在于自然界的有机物之间，并没有太大差异。

医学发展后揭示的真相，或许会让很多人倍感失落。但我认为这才是医学的有趣之处。用在自然界中随处可见的材料就创造出人体这样精妙的系统，让人赞叹自然的神秘莫测。医学是科学，以科学描述疾病，用科学挽救生命。

在我看来，医学的一大迷人之处，就在于乍看之下混沌不清的人体运行规律与疾病机理，都可以用科学解释得条理分明。

那么医学的未来又在何方？

自古以来，医学是帮助人类战胜疾病的手段。得益于医学的进步，人类寿命显著延长，许多疾病被攻克，死亡率显著下降。

这是人类通力合作、共同御敌的时代。

而未来，我们可能迎来一个"各自为战"的时代。尽管我们同属人类，但每一个人都是独立的个体，在遗传学等层面有着截然不同的特征。即便是相同的病症，也不代表同样的药物对所有人都同样有效。根据个人的情况量身定制治疗方案，这就是"精准医疗（precision medicine）"。随着基因解析技术的进步，这种医疗方式也逐渐走进现实。

这就好比买衣服，相较于只有S、M、L三种尺码可选，量体裁衣必然是更好的选择。

　　科学技术的革新会为今后的医学带来莫大的助益。AI辅助高精密诊断、手术导航系统等技术都在稳步发展。百年后的医学，必定在以如今难以想象的形式来救死扶伤。

　　在此，我要感谢钻石社的田畑博文先生，他为本书的选题和内容方向提供了很好的建议。田畑先生说，希望读者看完之后会很开心地说："这本书真是包罗万象！"从人体的细枝末节，到医学的古往今来，如果能像登高远眺那样遍览医学知识，一定能让人心满意足。

　　无疑，要网罗医学的全部知识，实属过于大胆的尝试。但是要传达医学的乐趣，满足大众的好奇心，终归要有人来写这样一本书。想读的人应该很多，至少我自己就很想看。

　　本书就是在这样矛盾的心态下完成的。如果能让你乐在其中，身为作者，我不胜欣喜。

　　在科学的世界里，没有什么始终正确的东西。随着科学的进步，"正确"的标准也在不断变化。对史实的解读也因人而异。本书所呈现的，只是基于参考文献，并以我的视角描绘的医学世界。衷心希望这本书能成为一些朋友学医的"敲门砖"。

2021年7月

山本健人

读书指南

读完本书，你的"人体冒险"远未结束。你只是往巨大而深邃的知识之海迈出了一步，一切才刚刚开始！

我认为学习能提升的与其说是"有所知"，不如说是明白自己"有所不知"。学得越多，越发觉得自己知之甚少，赞叹学海浩瀚。

物理学家卡洛·罗韦利在其著作《时间的秩序》中写道："惊叹正是我们求知欲的源头，当我知道时间不是如我们想象中的那样，无数的疑问于焉诞生。"

这里的"时间"可以置换成"医学""生物学""语言学"等各种主题。了解某种事物并不是终点，而是"无数的疑问于焉诞生"的起点。

在本书中，我最后，也是最重要的任务，是要给你提供几张我手边的"地图"。现在的你刚站在起跑线上，今后的冒险要靠自己的双脚继续。我希望我的"地图"——"读书指南"能为你指引前进的方向。

这里要给那些对人体、医学有兴趣的读者推荐几本书，如有助益，甚感荣幸。

《众病之王》作者：悉达多·穆克吉

在四千年的岁月中穿梭，了解癌症是一种怎样的疾病，并细致地刻画了那些在病因、治疗方面潜心钻研的研究者。

关于癌症的书籍很多。本书最大的特色是作者穆克吉不但是位在职医生，而且是站在一线治疗患者的肿瘤内科医生。他对现代癌症治疗状况知之甚详，这本回顾癌症历史的作品也弥足珍贵。

《写给年轻人的生物学讲义》作者：更科功

（原著名：「若い読者に贈る美しい生物学講義」）

这是一位生物学家所著的传达生物学之乐趣的作品。虽然是"写给年轻读者"的，但是无论男女老幼，每个人都能通过本书深入了解生物学，是内容非常扎实的一本书。

想要学习生物的我们，本身也是生物。想要了解生物就不能只是探究自我的存在而不顾其他。继续刨根究底就到了哲学的领域。相信这本书会引导你更深入地思考。

《不吓人的病理学讲义》作者：仲野彻

（原著名：「こわいもの知らずの病理学講義」）

作者为病理学的专家，对于人体的运行机制、疾病的成因了如指掌。本书主要从细胞、分子水平的微观视角来阐释病理学，推荐给想要深入了解人体结构及疾病的人。

如作者所言，这本书本来是打算写给"附近的老爷爷、老奶奶"的，所以浅显易懂、幽默风趣，但内容却如书名一样非常充实，是一本病理学讲义。这是一本可以从中获益良多的书。

《医学全史——从西洋到东洋·日本为止》作者：坂井建雄

（原著名：「医学全史 西洋から東洋・日本まで」）

我们现今享受的现代医学是如何而来的呢？本书以翔实的第一手资料为基础，细致地梳理了医学史。不随便编造"通俗易懂的故事"，而是轻巧地把史实糅合其中，正是本书的魅力。作者为解剖学家，也是日本医学史研究领域的佼佼者。

本书还有一本姊妹作——《图解医学史》（原著名：「図説 医学の歴史」），也就是本书的"专业版"，图片丰富，是极具分量的学术书，推荐给想要深入了解医学史的人。

《漫画医学史》作者：茨木保

（原著名：「まんが医学の历史」）

医学史书籍中最适合入门的作品。作者是医生兼漫画家。教科书较为艰涩难懂，漫画就轻松愉快多了。在和前人们的对话中轻松了解医学史。

本书以短篇集的形式，聚焦于各种知名人物，例如南丁格尔、野口英世等。有些我这本书中没有介绍到的人物，也都以短篇故事的主角登场。读者可以了解更广阔的医学史图卷。

《猎药师》作者：唐纳德·R.基尔希、奥吉·奥加斯

作者是投身制药产业35年，深谙业界内情的作家。作者细数著名药厂及药物的过往，回顾了经典的药学史故事，并挖掘出背后不为人知的人间悲喜剧。

从这本书可以充分了解新药研发何其艰难，会被偶然的因素所左右。我们日常生活中使用的很多药品都是经过千难万险才得以问世的。读完真的会对研究者致以无上的敬意。

《DK医学史》作者：史蒂夫·帕克

本书收录两百多张彩图，介绍了从史前到现代的关键医学事件。疑似接受开颅手术的史前时代的头盖骨、医生养水蛭用的壶等，实物照片震撼力满满。

对和我一样从学生时代就喜欢收集社科资料的人来说，这本书无疑是最完美的作品！

参考文献

◆ 『Medicine 医学を変えた70の発見』（ウィリアム・バイナム、ヘレン・バイナム編、鈴木晃仁、鈴木実佳訳、医学書院、二〇一二）

◆ 『50の事物で知る 図説医学の歴史』（ギル・ポール著、野口正雄訳、原書房、二〇一六）

◆ 『医療の歴史 穿孔開頭術から幹細胞治療までの1万2千年史』（スティーブ・パーカー著、千葉喜久枝訳、創元社、二〇一六）

◆ 『図説世界を変えた50の医学』（スーザン・オールドリッジ著、野口正雄訳、原書房、二〇一四）

◆ 『図説 医学の歴史』（坂井建雄著、医学書院、二〇一九）

◆ 『医学全史 西洋から東洋・日本まで』（坂井建雄著、ちくま新書、二〇二〇）

◆ 『切手にみる糖尿病の歴史』（堀田饒著、ライフサイエンス出版、二〇一三）

参考文献

◆ 『がん4000年の歴史（上・下）』（シッダールタ・ムカジー
著、田中文訳、ハヤカワ文庫、二〇一六）

◆ 『新薬という奇跡 成功率0.1%の探求』（ドナルド・R・キ
ルシュ、オギ・オーガス著、寺町朋子訳、ハヤカワ文庫、
二〇二一）

◆ 『新薬誕生100万分の1に挑む科学者たち』（ロバー
ト・L・シュック著、小林力訳、ダイヤモンド社、二〇〇八）

◆ 『エーテル・デイ 麻酔法発明の日』（ジュリー・M・フェン
スター著、安原和見訳、文春文庫、二〇〇二）

◆ 『世界の心臓を救った町 フラミンガム研究の55年』（嶋康晃
著、ライフサイエンス選書、二〇〇四）

◆ 『標準微生物学 第14版』（神谷茂監修、錫谷達夫、松本哲哉
編、医学書院、二〇二一）

◆ 『カラー版 ミムス微生物学』（R・V・ゲーリング他著、中
込治監訳、西村書店、二〇一二）

◆ 『標準生理学 第9版』（本間研一監修、大森治紀、大橋俊夫
総編、河合康明他編、医学書院、二〇一九）

◆ 『ガイトン生理学 原著第13版』（ジョン・E・ホール著、
石川義弘他総監訳、エルゼビア・ジャパン株式会社、
二〇一八）

◆ 『ギャノング生理学 原書25版』（岡田泰伸監修、佐久間康
夫、岡村康司監訳、丸善出版、二〇一七）

◆ 『毒と薬の科学 毒から見た薬・薬から見た毒』（船山信次
著、朝倉書店、二〇〇七）

第1章

［1］論座「地球帰還した宇宙飛行士が歩けないわけ」（https://
webronza.asahi.com/science/articles/2016111500010.html）

［2］"Sudden sensorineural hearing loss in adults: Evaluation and
management" Peter C Weber. UpToDate.

［3］『咳嗽に関するガイドライン 第2版』（日本呼吸器学会 咳
嗽に関するガイドライン第2版作成委員会編、二〇一二）

［4］『感染症専門医テキスト 第Ⅰ部 解説編 改訂第2版』（日本
感染症学会編、南江堂、二〇一七）

［5］日本小児科学会「～日本小児科学会の「知っておきたいわ
くちん情報」～ No 17おたふくかぜワクチン」
（http://www.jpeds.or.jp/uploads/files/VIS_17otafukukaze.pdf）

［6］日本医師会「たばこの健康被害」
（https://www.med.or.jp/forest/kinen/damage/）

［7］『H.pylori感染の診断と治療のガイドライン2016改訂版』
（日本ヘリコバクター学会ガイドライン作成委員会編、先
端医学社、二〇一六）

［8］『消化性潰瘍診療ガイドライン2020改訂第3版』（日本消化
器病学会編、南江堂、二〇二〇）

［9］日本小児科学会「Injury Alert（傷害速報）」
（https://www.jpeds.or.jp/modules/injuryalert/）

［10］『外傷専門診療ガイドラインJETEC改訂第2版』（日本外
傷学会監修、日本外傷学会外傷専門診療ガイドライン改訂

第2版編集委員会編、へるす出版、二〇一八）

[11] "Rectal foreign bodies: what is the current standard?" Kyle G Cologne, Glenn T Ault (2012). Clinics of Colon and Rectal Surgery, 25:214-218.

[12] 障害者情報ネットワーク ノーマネット「都道府県別オストメイト（身体障害者手帳取得者）数」（https://www.normanet. ne.jp/~yhamajoa/y.joa%20photo09/osjinkoratio.pdf）

[13] 『大腸癌治療ガイドライン 医師用 2019年版』（大腸癌研究会編、金原出版、二〇一九）

[14] "Nature and quantity of fuels consumed in patients with alcoholic cirrhosis" O E Owen, V E Trapp, G A Reichard Jr, M A Mozzoli, J Moctezuma, J Paul, C L Skutches, G Boden (1983). Journal of Clinical Investigation, 72:1821-1832.

[15] The Guardian「How David shrank as he faced Goliath」（https://www.theguardian.com/world/2005/jan/22/science. highereducation）

[16] "Fracture of the penis: management and long-term results of surgical treatment. Experience in 300 cases" Rabii El Atat, Mohamed Sfaxi, Mohamed Riadh Benslama, Derouiche Amine, Mohsen Ayed, Sami Ben Mouelli, Mohamed Chebil, Saadedine Zmerli (2008). Journal of Trauma, 64:121-125.

第2章

［1］World Health Organization「The top 10 causes of death」（https://www.who.int/news-room/fact-sheets/detail/the-top-10-causes-of-death）

［2］"Impact of smoking on mortality and life expectancy in Japanese smokers: a prospective cohort study" R Sakata, P McGale, E J Grant, K Ozasa, R Peto, S C Darby (2012). British Medical Journal, 345:e7093.

［3］国立がん研究センター がん情報サービス「たばことがん もっと詳しく」（https://ganjoho.jp/public/pre_scr/cause_prevention/smoking/tobacco02.html）

［4］"Time for a smoke? One cigarette reduces your life by 11 minutes" M Shaw, R Mitchell, D Dorling (2000). British Medical Journal, 320:53.

［5］"疫学 ―肺炎の疫学が示す真実は？ ― 死亡率からみえてくる呼吸器科医の現状と未来" 三木誠、渡辺彰（2013）．日本呼吸器学会誌、2（6）:663–671.

［6］農林水産省「脚気の発生」（https://www.maff.go.jp/j/meiji150/eiyo/01.html）

［7］"日清・日露戦争と脚気" 内田正夫（2007）．和光大学総合文化研究所年報『東西南北』

［8］雪印メグミルク株式会社「雪印乳業食中毒事件」（https://www.meg-snow.com/corporate/history/popup/oosaka.html）

［9］Centers for Disease Control and Prevention「Duration of Isolation and Precautions for Adults with COVID-19」（https://www.brazoriacountytx.gov/home/showdocument?id=12303）

［10］"COVID-19: Epidemiology, virology, and prevention" Kenneth McIntosh. UpToDate.

［11］"Geographic pathology of latent prostatic carcinoma" R Yatani, I Chigusa, K Akazaki, G N Stemmermann, R A Welsh, P Correa (1982). International Journal of Cancer, 29: 611-616.

［12］『前立腺癌診療ガイドライン 2016年版』（日本泌尿器科学会編、メディカルレビュー社、二〇一六）

［13］『ギラン・バレー症候群 フィッシャー症候群 診療ガイドライン2013』（日本神経学会監修、「ギラン・バレー症候群、フィッシャー症候群診療ガイドライン」作成委員会編、南江堂、二〇一三）

［14］Centers for Disease Control and Prevention「Campylobacter (Campylobacteriosis)」（https://www.cdc.gov/campylobacter/guillain-barre.html）

［15］厚生労働省検疫所FORTH「ペルーにおけるギラン・バレー症候群集団発生にかかる情報」（https://www.forth.go.jp/topics/201906180925.html）

［16］「遺伝性乳癌卵巣癌症候群（HBOC）診療の手引き 2017年版」（「わが国における遺伝性乳癌卵巣癌の臨床遺伝学的特徴の解明と遺伝子情報を用いた生命予後の改善に関する研究」班編）（http://johboc.jp/guidebook2017/）

［17］『遺伝性大腸癌診療ガイドライン 2020年版』（大腸癌研究
会編、金原出版、二〇二〇）

［18］『カラー版 アンダーウッド病理学』（アンダーウッド著、
鈴木利光、森道夫監訳、西村書店、二〇〇二）

第3章

［1］ファイザー株式会社「米国本社の歴史1900年〜1950年」
（https://www.pfizer.co.jp/pfizer/company/history-us/
1900-1950.html）

［2］"Kaposi's sarcoma in homosexual men-a report of eight cases"
K B Hymes, T Cheung, J B Greene, N S Prose, A Marcus,
H Ballard, D C William, L J Laubenstein (1981). Lancet,
2:598-600.

［3］エイズ予防情報ネットAPI-Net「世界の状況」（https://api-
net.jfap.or.jp/status/world/pdf/factsheet2020.pdf）

［4］日本肝胆膵外科学会「肝細胞がん」（http://www.jshbps.jp/
modules/public/index.php?content_id=7）

［5］『肝がん白書 平成27年度』（日本肝臓学会編、二〇一五）
（https://www.jsh.or.jp/lib/files/medical/guidelines/jsh_
guidlines/liver_cancer_2015.pdf）

［6］厚生労働省検疫所FORTH「C型肝炎について（ファクト
シート）」（https://www.forth.go.jp/moreinfo/topics/

2017/12081116.html）

［7］岡山大学プレスリリース「視覚障害の原因疾患の全国調査：第1位は緑内障 〜高齢者に多く、増加傾向であることが判明〜」（二〇一八）（https://www.okayama-u.ac.jp/up_load_files/press30/press-180927-6.pdf）

［8］日本生活習慣病予防協会「CKD（慢性腎臓病）の調査・統計」（http://www.seikatsusyukanbyo.com/statistics/2019/009992.php）

［9］"Lower Extremity Amputation" Cesar S. Molina, JimBob Faulk.（https://www.ncbi.nlm.nih.gov/books/NBK546594/）

［10］糖尿病ネットワーク「世界糖尿病デー 世界の糖尿病人口は4億6300万人に増加 糖尿病が大きな脅威に」（https://dm-net.co.jp/calendar/2019/029706.php）

［11］『消化性潰瘍診療ガイドライン2020改訂第3版』（日本消化器病学会編、南江堂、二〇二〇）

第4章

［1］日本輸血・細胞治療学会「血液型について」（http://yuketsu.jstmct.or.jp/general/for_blood_type/）

［2］国立感染症研究所「アニサキス症とは」（https://www.niid.go.jp/niid/ja/kansennohanashi/314-anisakis-intro.html）

［3］"人間ドックの上部消化管内視鏡検査で発見された胃アニ

サキス症14例の検討" 古川真依子、原田明日香、金井尚子、帯刀誠、田口淳一、草野敏臣、山門實（2016）．人間ドック、31:480–485.

［4］"真空包装辛子蓮根によるA型ボツリヌス中毒事例に基づく辛子蓮根製造過程のHACCPプラン作成の試み" 日佐和夫、林賢一、阪口玄二（1998）．日本包装学会誌、7（5）:231–245.

［5］『医療関係者のためのワクチンガイドライン 第3版』（日本環境感染学会 ワクチン委員会編、二〇二〇）

［6］厚生労働省「カンピロバクター食中毒予防について（Q&A）」（https://www.mhlw.go.jp/stf/seisakunitsuite/bunya/0000126281.html）

［7］厚生労働省「腸管出血性大腸菌Q&A」（https://www.mhlw.go.jp/stf/seisakunitsuite/bunya/0000177609.html）

［8］堺市「0157 堺市学童集団下痢症を忘れない日」（https://www.city.sakai.lg.jp/kosodate/kyoiku/gakko/yutakana/anzen/o157/o157wasurenai.html）

［9］厚生労働省 食品安全部監視安全課 食中毒被害情報管理室「飲食チェーン店での腸管出血性大腸菌食中毒の発生について」（https://www.mhlw.go.jp/stf/shingi/2r98520000025ttw-att/2r98520000025tz2.pdf）

［10］厚生労働省「これからママになるあなたへ 食べ物について知っておいてほしいこと」（https://www.mhlw.go.jp/topics/syokuchu/dl/ninpu.pdf）

［11］"Severe Pulmonary Embolism Associated with Air Travel"

F Lapostolle, V Surget, S W Borron, M Desmaizières, D Sordelet, C Lapandry, M Cupa, F Adnet (2001). New England Journal of Medicine, 345:779–783.

［12］ "福島県における東日本大震災後静脈血栓症発生状況について" 高瀬信弥、佐戸川弘之、三澤幸辰、若松大樹、佐藤善之、瀬戸夕輝、坪井栄俊、五十嵐崇、山本晃裕、高野智弘、藤宮剛、横山斉（2012）．第18回肺塞栓症研究会（会議録）．

［13］『肺血栓塞栓症および深部静脈血栓症の診断、治療、予防に関するガイドライン（2017年改訂版）』（二〇一八）

［14］ "Prevention of upper respiratory tract infections by gargling: a randomized trial" Kazunari Satomura, Tetsuhisa Kitamura, Takashi Kawamura, Takuro Shimbo, Motoi Watanabe, Mitsuhiro Kamei, Yoshihisa Takano, Akiko Tamakoshi (2005). American Journal of Preventive Medicine, 29: 302-307.

第5章

［1］ "MRI検査における安全管理：事故事例の検討" 引地健生（2004）．日本職業・災害医学会会誌、52:257–264.

［2］東京消防庁「年末年始の救急事故をなくそう」（https://www.tfd.metro.tokyo.lg.jp/camp/2020/202012/camp2.html）

［3］日本光電工業株式会社「青柳卓雄氏とパルスオキシメータ」

（https://www.nihonkohden.co.jp/information/aoyagi/）

［4］"医療ガス供給システム" 尾頭希代子、安本和正（2012）.
昭和医学会雑誌、72:14-21.

［5］"術中管理と医療ガス 〜酸素はどこからくるの? 〜" 佐藤
暢一（2013）. Medical Gases, 15:55-57.

［6］オリンパスグループ企業情報サイト「オリンパスの強み」
（https://www.olympus.co.jp/ir/individual/strength.
html?page=ir）

［7］日本赤十字社「エイズ、肝炎などのウイルス保有者、また
はそれと疑われる方」
（https://www.jrc.or.jp/donation/about/refrain/detail_04/）

监修及致谢

小林知广（京都路内斯医院泌尿科）

柴田育（牙科医师、SPARKLINKS有限公司代表理事）

武田亲宗（京都大学医学部附属医院麻醉科）

沼尚吾（京都大学医学部附属医院眼科、社会团体
MedCrew代表理事）

堀向健太（东京慈惠会医科大学葛饰区医疗中心儿科）

前田阳平（大阪大学医学部附属医院耳鼻喉科）

激发个人成长

多年以来，千千万万有经验的读者，都会定期查看熊猫君家的最新书目，挑选满足自己成长需求的新书。

读客图书以"激发个人成长"为使命，在以下三个方面为您精选优质图书：

1．精神成长

熊猫君家精彩绝伦的小说文库和人文类图书，帮助你成为永远充满梦想、勇气和爱的人！

2．知识结构成长

熊猫君家的历史类、社科类图书，帮助你了解从宇宙诞生、文明演变直至今日世界之形成的方方面面。

3．工作技能成长

熊猫君家的经管类、家教类图书，指引你更好地工作、更有效率地生活，减少人生中的烦恼。

每一本读客图书都轻松好读，精彩绝伦，充满无穷阅读乐趣！

认准读客熊猫

读客所有图书，在书脊、腰封、封底和前勒口都有"**读客熊猫**"标志。

两步帮你快速找到读客图书

1. 找读客熊猫君

2. 找黑白格子

马上扫二维码，关注"**熊猫君**"

和千万读者一起成长吧！